武汉市重点功能区实施规划丛书

武汉重点功能区创新实践

WUHAN KEY FUNCTIONAL ZONE INNOVATION AND PRACTICE

武汉市自然资源和规划局
武汉市自然资源保护利用中心　编著
武汉市规划研究院
（武汉市交通发展战略研究院）

中国建筑工业出版社

图书在版编目（CIP）数据

武汉重点功能区创新实践 = Wuhan Key Functional
Zone Innovation and Practice / 武汉市自然资源和规
划局，武汉市自然资源保护利用中心，武汉市规划研究院
（武汉市交通发展战略研究院）编著. —北京：中国建筑
工业出版社，2023.12
（武汉市重点功能区实施规划丛书）
ISBN 978-7-112-29402-2

Ⅰ.①武… Ⅱ.①武… ②武… ③武… Ⅲ.①城市规
划—研究—武汉 Ⅳ.①TU984.263.1

中国国家版木馆CIP数据核字（2023）第227313号

责任编辑：刘　丹　刘　静
版式设计：锋尚设计
责任校对：张　颖
校对整理：董　楠

武汉市重点功能区实施规划丛书
武汉重点功能区创新实践
WUHAN KEY FUNCTIONAL ZONE INNOVATION AND PRACTICE
武汉市自然资源和规划局
武汉市自然资源保护利用中心　　　　　　编著
武汉市规划研究院（武汉市交通发展战略研究院）
*
中国建筑工业出版社出版、发行（北京海淀三里河路9号）
各地新华书店、建筑书店经销
北京锋尚制版有限公司制版
北京富诚彩色印刷有限公司印刷
*
开本：889毫米×1194毫米　1/12　印张：14⅔　字数：272千字
2024年1月第一版　　2024年1月第一次印刷
定价：**188.00**元
ISBN 978-7-112-29402-2
　　　（42174）

《武汉重点功能区创新实践》
编写委员会

主　　任： 盛洪涛　王　洋

副主任： 周　强　杨维祥　田　燕　金保彩　吴立群　聂胜利

委　　员： 熊向宁　汪　勰　何　梅　叶　青　郑振华　陈　韦　汪　云　黄　焕

主要编写： 陈　伟　吕维娟　彭　阳

参编人员： 杨　俊　周　巍　张　琳　莫琳玉　柳应飞　望开磊　陈　渝　于婷婷

　　　　　　洪孟良　王　玮　肖　翔　孙　佳　杨正光　牟　俊　马　丽　刘　菁

　　　　　　成　钢　陈雨婷　吴　微

采　　编： 刘　莉　章　凌　虞珺珺　刘　霞　朱　蓓　张　敏
（瓦当文化）

序

"谋定而后动,知止而有得"。以精准的谋划确定方向、指导行动,方能达成目标,这样"知止而后有定"的中国智慧,出现在《大学》《孙子兵法》这样的经典中,承袭至今两千年有余。

从今天的视角看来,"谋定而后动"这句话,似乎是为规划这个事关城市未来战略发展方向的事业量身而做:"谋"即谋划、策划、规划,而"动"则为规划之实施——在规划的战略部署和统筹之下,明确规划实施的方法和方式,制定保障规划落实的机制和模式,才能让规划不只是一纸蓝图,这是每一个对城市肩负责任感和使命感的规划人和建设者一直以来的奋斗目标。

迈入以高质量发展为主题的新时期,武汉的规划工作者一直在思考和探讨,如何通过创新路径和策略,更好地发挥规划对城市发展的引领作用;如何以创新性规划实践让规划蓝图完美落地,以此提高城市的核心竞争力。

作为全国最早以创新思维开展"多规合一"实践的城市之一,为了让规划"一张蓝图"不走样地"干到底"更具有可操作性,武汉市创造性地提出了以重点功能区建设为抓手的成片开发模式。以规划的引领贯穿重点功能区从规划到实施的全生命周期,从生态、经济、文化等多种维度,全面探索武汉市重点功能区体系的架构,这个先"谋"后"动",以"谋"领"动"的创新性规划实施工作,从2013年启动至今,已走过十余年。

在2014年和2017年,我们曾分别通过"武汉市重点功能区实施规划丛书"的前两辑《武汉重点功能区规划探索》《武汉重点功能区规划实践》的编撰,总结了武汉重点功能区实施性规划编制的理念、思路、方式、组织和体系架构。

如果说在丛书的前两辑中,我们还专注在寻找让规划引领实施的创新性方法,那么最近这十年间,作为城市建设的直接参与者,我们亲身见证着数十个重点功能区的规划蓝图在武汉这座城市的四处一一落地、拔节而起的过程。这些在全市范围内全面进入实施阶段的重点功能区项目中,有

中心城区以产业升级带动城市能级提升的项目，也有在新城区以明确的产业定位重塑城市功能的项目；有市自然资源和规划局和区政府形成联动合作方式推进的项目，也有和使领馆合作承担国际交往职能的生态项目……重点功能区项目的全面实施落地，不仅是武汉实现"国家中心城市"奋斗目标的抓手，也是武汉完成城市复兴梦想必须走过的路途。

走在这条道路上，十年励精图治，十年弹指一挥。这十年来，武汉市不断以创造性思维和创新手法，探索多元的规划实施模式和机制，不断克服规划实施过程中遇到的各种难题，不断创造实施性规划的"武汉样本"。当时间来到十年的节点，我们不妨适时回头，通过对现代化城市治理理念的再思考，通过对项目实施成果的回顾，看清未来的方向，且"虑而后能得"。

在这本"武汉市重点功能区实施规划丛书"的第三辑中，我们以14个重点功能区为样本，将过去十年武汉在重点功能区规划实施过程中，在全生命周期展开的方针政策、模式机制、方式方法等方面创新性探索，将其中遇到的困难与不足进行了全方面的梳理和总结。

这本书是武汉市自然资源和规划局与武汉重点功能区规划实践相关机构、单位对我们过去十年工作的回顾。作为实施性规划的先行者，我们也希望通过这本书的思考和总结"抛砖引玉"，将武汉在重点功能区规划创新实践、建设实施等方面累积的经验，分享给全国其他城市的管理者、城市规划和建设工作者以及关心城市发展的大众。让我们一起思考，群策群力，将我们的城市建设成为人们安居乐业的港湾、幸福生活的家园。

以创新思维不断推进规划实践，为实现这样的奋斗目标，我们一直在路上，且行则必达。

目录

03 第三章
转型与发展　TRANSITION AND DEVELOPMENT

04 第四章
蝶变与成效　TRANSFORMATION AND EFFECT

后记

01

第一章
谋划与构建

PLANNING
AND
CONSTRUCTION

缘起 · 探索 · 建构

自古以来，以墙护"城"、以业兴"市"，生发了无数个孕育着华夏文明和商贸源流的经典之城，诠释着人们对美好生活的向往。

　　在长江和汉水的交汇处，滔滔江水奔涌而过的武汉三镇，从东汉时期"夏口城""却月城"的军事功能，到宋元年间武昌和汉阳以独特的地理优势成为港埠林立的商贸重镇，及至明清"楚中第一繁盛处"汉口的崛起，到近现代成为华中地区政治、经济、文化、教育的核心区域，武汉这座长江中游的超大城市，以不同的空间承载着不同的城市功能，容纳着不同的生活，成就着不同的人生梦想，澎湃向前，一路生长（图1-1）。

　　进入21世纪，长江经济带、中部崛起、两型社会等重大国家战略目标背景下，武汉市在2012年初提出建设国家中心城市的战略目标，于2016年12月获国家批复同意；同年，武汉被列为长江经济带核心城市。在随后的"十四五"开局之年，武汉提出加快打造"五个中心"的建设目标，将现代化大武汉的内涵再度升华和拔高。

　　在这一系列重大决策下，武汉的城市建设重点逐步转向优化城市空间布局、促进产业结构调整、提升城市能级和城市品质，以此承担一系列国家级战略目标赋予武汉的重任。

　　从2012年起至今，为实现国家中心城市的建设目标，武汉市自然资源和规划局（原武汉市国土资源和规划局，简称市规划局）以高质量发展为目标，遵循"城市发展最终是为了人"这一核心理念，在为城市未来描绘规划蓝图的同时，尤其强调探索规划的实施方式。

　　从武汉市主城核心区内的重点功能区到市域国土空间全域的生态功能区，从注重增量建设到城市有机更新，从规划引领到规划、建设、管理全周期各环节，市规划局以功能区为实施平台，在实施性规划的发展理念、技术方法、实施模式等方面不断探索、不断改革创新。

　　武汉市以创新的重点功能区成片开发、集中建设实施模式，促进城市核心功能落位；以历史文化亮点片区探索高质量发展下的城市存量更新路径，保护和延续城市历史文化特色；以景中村、生态功能区的绿色发展新模式实现人与自然的和谐共生。

　　以规划的全面实施为终极目标，武汉市通过构建全域覆盖的国土空间功能区规划体系，引领城市实现生态、生产、生活空间的全方位升级，打造宜居、宜业、宜游的幸福武汉。

图1-1　武汉长江两岸实景鸟瞰
资料来源：武汉市自然资源和规划局

武汉重点功能区建设缘起

众所周知，高水平的规划才能引领城市的高质量发展，而规划的生命力在于实施。

在2012年初，武汉市提出建设国家中心城市的战略目标，城市建设发展迅速，城市功能、空间处于梳理重构的关键期。在这样的背景下，以城市功能，特别是以战略型功能为核心的功能区开发，成为武汉落实和承载国家有关发展战略的主要抓手。

武汉市将功能区作为主导功能集聚、规划集中建设实施的空间载体，以功能区的建设体现国家中心城市的职能担当，同时这些功能区还将承担展示武汉国际化、现代化城市形象的作用。在这样的思路下，市规划局创新性推出"功能区规划"这一实施型规划类型，用规划统筹城市建设，引领城市发展。

为了强化功能区规划在城市规划建设中的统筹协调职能，发挥其在城市战略、片区发展和项目实施等方面的"主动干预"作用，市规划局从宏观战略、顶层设计出发，构建了"两段五层次"的国土与规划合一的规划编制体系。其中，"两段"是指"导控型规划+实施型规划"，导控型规划包括总体规划、分区规划和详细规划三层次的法定规划；实施型规划包括功能区规划和近期建设规划、土地储备供应年度计划以及各类年度实施计划两个层次。在实施型规划中，功能区规划一方面衔接落实总体规划、分区规划的战略性、功能性要求，另一方面统筹指导土地储备供应以及各类年度建设计划的制订，成为主动落实城市总体规划要求，推进规划实施的平台和抓手。

2013年，武汉市政府着眼于"国家中心城市"战略功能发展要求，提出举全市之力，集中力量规划和建设重点功能区。秉承"功能性、规模性、主导性、支撑力"原则，通过整体片区的高水平规划、高标准建设、高质量实施，将重点功能区建设为主导功能最突出、投资最密集、形象最鲜明的区域。通过重点功能区的建设，统筹政府公共投资和城乡建设，引导市场的投资方向和投资力度，有目的、有计划地实施城市核心功能。

在探索推进重点功能区规划建设实践的同时，为进一步全面统筹市、区政府以及市场的发展意愿，高度整合城市发展资源，市规划局按照"战略集聚、分级实施"思路，构建了"重点功能区—次级功能区—提升改造区"三级功能区规划体系。在推进城市中心型重点功能区规划实施基础上，开展了历史街区型、文化保护型、生态景观型功能区的规划编制及实施工作，丰富了功能区规划类型。

在功能区规划探索与实施中，市规划局通过理顺市、区两级政府的关系，构建市、区实施共建平台，以此推动城市建设和发展。与此同时，市规划局从规划、建设、管理全周期视角，不断思考如何以经营、运营一座城市的策划逻辑和人文逻辑，提升规划的"主动实施"能力，处理好主动与被动、政府与市场、蓝图与行动、市级与区县的关系，让规划从一纸蓝图变成城市真实的未来——这也成为武汉市规划转型的关键。

自2012年起，武汉市在长期的规划管理与实践过程中，通过"片区打造、整体提升"将功能区作为推进规划实施的重要抓手，从功能区规划体系的构建、实施规划的编制、实施共建机制的建立等方面，开展了以规划引领城市发展的探索与实践。

武汉重点功能区建设探索

创新性"六统一"模式保障规划落地

以"做强功能，做优品质"为目标，结合武汉市建设国家中心城市的战略需要，从2013开始，武汉市以汉口滨江国际商务区为试点，开启了重点功能区规划实施的探索和实践工作。

为了扭转以往城市分散建设、零星开发导致的城市功能难以积聚、规划设计方案和市场需求背离、形态设计和工程建设脱离、地上设计和地下空间分离等现象，汉口滨江国际商务区在规划、建设、运营的全周期，以规划为引领，创新性提出"六统一"工作模式，通过"统一规划、统一设计、统一储备、统一招商、统一建设、统一运营"形成合力，保障规划蓝图不走样。

在"六统一"工作模式中，以"统一规划"破解过去规划中因产业功能、空间布局、交通组织、人文景观、地下空间与市政管网等各类专项规划编制融合不够、衔接不利导致规划蓝图走样问题；以"统一设计"组建设计联盟，实现多领域、多专业的紧密合作、设计协同，高效绘制精细化设计蓝图，助力功能区高质量建设；以"统一储备"打破过去因零星储备导致城市功能分散、城市整体形象不突出的弊病，以土地的连片储备实现城市功能和建设时序的统筹安排，为资源配置最优化和土地价值提升提供了保障；以"统一建设"改变以往由于缺乏工程统筹导致各专业各自开挖、各自建设的局面，科学制定施工方案和建设时序，控制建设时间和资金成本，以整体建设保障项目高质量落地；以"统一招商"打破以往以地招商的局面，按照区域功能定位优中选优、精准招商，保证规划产业的落位；以"统一运营"将数字技术贯穿到汉口滨江国际商务区建成的全周期，实施数字化运营管理，提升空间治理能力，保证区域品质持续提升、功能持续完善。

2013年至今，汉口滨江国际商务区的实施在"六统一"模式下顺利推进，规划蓝图正在逐渐变为现实。在规划实施的十年间，商务区所在区域的土地价值得到大幅提升，建成后的汉口滨江国际商务区在功能和品质方面，都将达到国内一流水平。

重点功能区体系引领城市发展

在汉口滨江国际商务区规划实施探索经验的基础上，2014年，市规划局同步开展了《武汉市建设国家中心城市重点功能体系规划》的编制工作，在全市范围内构建了"重点功能区—次级功能区—提升改造区"三级功能区规划实施体系。按照"功能链接、空间整合、配套共享"的思路，集合若干个重点功能区打造具有整体性效益的空间集聚区，在全市范围内构建了"一核两翼、三心四区"的重点功能区空间格局。

按照建设国家中心城市的战略部署，武汉构建重点功能区体系的指导思想和规划目标有三个，一是突出战略职能，主动承担国家和区域发展战略，发挥核心竞争优势，谋划武汉建设国家中心城市代表职能，并将其作为重点功能区建设的出发点和落脚点；二是完善武汉市的空间体系，充分结合武汉自身的特色空间格局，根据承载国家中心城市战略功能所需的用地条件，统筹各类功能空间布局，形成合理完善、开放有序的空间体系；三是优化资源配置，全面调动政府、土地及相关部门、企业主体等各方面力量，以重点功能区为核心聚集土地、资金、政策、配套等各方资源，实现多层次目标的协调统一。

与此同时，武汉市出台了《武汉市重点功能区实施性规划工作指引》（简称《工作指引》），全面梳理、总结武汉市实施性规划在理念、实践方面的经验，以指导全市重点功能区规划编制、管理、实施工作的开展。这份《工作指引》进一步明确了重点功能区的建设对城市功能和空间形象塑造的作用和意义。《工作指引》以国家中心城市为建设目标，从功能、规模、构成、配套等要素出发，提出了战略功能集聚区框架和重点功能区的划定原则，因地制宜地在全市域范围内统筹布局了不同类型40余片重点功能区，并按照突出重点、差异化发展的要求，明确了近期城市建设的重点地区。

2014年，市规划局代拟了《市人民政府关于加快推进重点功能区建设的意见》，提出要集中力量，在主城区加快推进汉口滨江国际商务区、武昌滨江商务区、青山滨江商务区、武汉中央商务区、汉正街中央服务区、四新会展商务区、杨春湖商务区7个重点功能区的建设工作，并明确汉江湾片、归元寺片、华中金融城楚河汉街片、天兴洲片4个亮点片区的建设工作参照重点功能区模式推进。"7+4"个重点功能区，构建了武汉市主城区内功能最集聚、配套更完善、建设最高效的功能区域。

自此，武汉的城市建设从过去分散式建设转向了以重点功能区成片建设的全新阶段。

亮点片区开启多元规划实施探索之路

在近十年间，武汉市的"7+4"个重点功能区相继完成了规划编制工作。其中，汉口滨江国际商务区、武昌滨江商务区、武汉中央商务区、汉正街中央服务区、青山滨江商务区等重点功能区陆续进入建设实施阶段。

2017年，武汉市提出高质量发展和城市经济民生升级的总体目标，中心城区由大规模增量建设转为存量提质改造和增量结构调整并重的模式。在这样的背景下，武汉市在重点功能区体系的基础上，进一步将历史文化资源集聚的区域划定为亮点片区，在重点功能区实施经验的基础上进一步探索亮点片区的特色化、精细化规划建设模式。

在"六统一"工作模式的基础上，武汉市以中法生态新城内的中法半岛小镇为试点，探索出"新机制、新理念、新标准、新模式、新项目"这"五新"方法、总设计师制度等创新机制，高标准开展规划建设实施，保障主体功能落实，实现区域能级和品质的"双提升"。

此后，武汉市继续在昙华林历史文化街区规划中，探索历史和文化资源的保护和利用；在东湖鼓架片区规划中，以创新同步招商、产业导入的方式探索产村一体、绿色发展的"景中村"规划实施路径。在生态优先、绿色发展新要求下，武汉市根据不同区域的资源环境特色，从自然生态、历史保护和共同缔造等维度出发，以因地制宜的方式，确定不同区域的功能定位，贯彻落实人与自然和谐共生的发展理念。

针对不同类型的功能区，在规划层面突出规划特色，在操作层面突出建设引导，在招商层面注重产业引入，在共同缔造中强调群策群力，武汉市就此开启了重点功能区规划实施的多模式探索之路。

武汉主体功能区体系建构

2018年，自然资源部成立，主体功能区规划被纳入统一建构的国土空间规划体系内。党的二十大报告强调，深入实施区域协调发展战略、区域重大战略、主体功能区战略、新型城镇化战略，优化重大生产力布局，构建优势互补、高质量发展的区域经济布局和国土空间体系。主体功能区战略在构建国土空间规划和治理体系中的重要地位得到进一步明确。

为了将过去十余年在重点功能区规划和实施过程中累积的经验，运用到实施主体功能区战略中，武汉市探索开展了全域、全覆盖的国土空间功能区体系和用途管制研究，建立了"总规目标职能—功能空间布局—用途管制规则"的逻辑管控体系。

这样的管控体系，重点突出功能传导，能充分发挥功能区体系在国土空间总体规划和详细规划中的桥梁作用。以功能区体系衔接各层级国土空间规划，也能有效传导总体规划（简称总规）目标定位、细化空间格局，科学有序地形成"分区—区片—单元"三级传导体系。

其中，"国土空间功能分区"对应市级总规，落实总规目标、职能，对整体空间格局进行结构性传导。

"国土空间功能区片"对应区级总规，通过承上启下的功能传导，将功能细化分解落实到空间布局，并按照承载城市职能不同分为重点区片和一般区片——重点区片对应城市核心目标，承担市级及以上核心职能，而一般区片则对应城市对内综合服务目标，承担市级以下服务职能。

"国土空间功能单元"对应乡（镇）级总规和详细规划，作为规划编制、实施、评估的基本管理单元和服务招商引资的实施单元。

城镇空间以功能区片对接控规编制单元，在落实控规"五线"等刚性管控要求基础上，提出"功能定位与产业发展+指标控制+正负面清单+重点项目"等管控要求；农业生态空间以功能区片对接田园功能单元，在管控要求上更强调保障粮食安全、生态安全，促进乡村振兴。在落实"三区三线"等刚性管控要求基础上，武汉市提出"保护要求+功能定位与产业发展+建设要求+正负面清单"等管控要求，作为村庄规划和生态准入的规划依据。

功能区体系的架构，为武汉市每个功能区描绘了清晰明确的发展线路，指导不同层级、不同类型的功能区科学有序开展规划、设计、建设和管理工作。

2013年以来，汉口滨江国际商务区、中法半岛小镇、三阳设计之都片等不同类型的功能区相继进入建设实施阶段，为实现城市功能和品质"双提升"的目标，提升特大城市空间治理效能、实现"多规合一"奠定了基础。

武汉精彩十年（2013～2023年）

过去十年，是中国经济高速发展、社会深刻变革，迈上全面建设社会主义现代化国家新征程的十年，也是武汉市朝着建设国家中心城市和国内国际双循环枢纽的征途开启。

十年来，武汉规划部门遵循"城市发展最终是为了人""让人民有更多获得感，为人民创造更加幸福的美好生活"这一核心理念，将人民对未来生活的愿景与向往，雕刻于城市的街道、社区、山水、角落以及大江大湖之间；把"以人为本""让城市更宜居"的城市理想倾注于城市空间的局部、细节之中；让"城市历史文化记忆"成为城市内涵、品质、特色的标志，写进人民对城市的记忆、乡愁与情怀之中。

这十年，武汉规划人紧密围绕"实施性"探索创新，以功能区规划为实施抓手，将全周期理念贯穿在规划、建设、管理全过程各环节。本书选取了武汉市2013至2023这十年间不同发展阶段中最具代表性的14个重点功能区片（图1-2），结合它们各自的发展目标和规划重点，对发展理念、技术方法、工作模式、实施政策等方面的创新工作，进行回顾和总结，形成可持续、可推广的武汉经验。

在编制与设计上，注重传导，突出特色。 书中这14个代表性重点功能区片大致可以分为3类：以汉口滨江国际商务区、武昌滨江商务区、武汉中央商务区等为代表的承载城市核心职能的重点功能区；以三阳设计之都片、昙华林历史文化街区、青山滨江商务区等为代表的武汉城市记忆和文化特色亮点功能区片；以中法半岛小镇、东湖鼓架片区等为代表的生态功能区。各个功能区片以传导

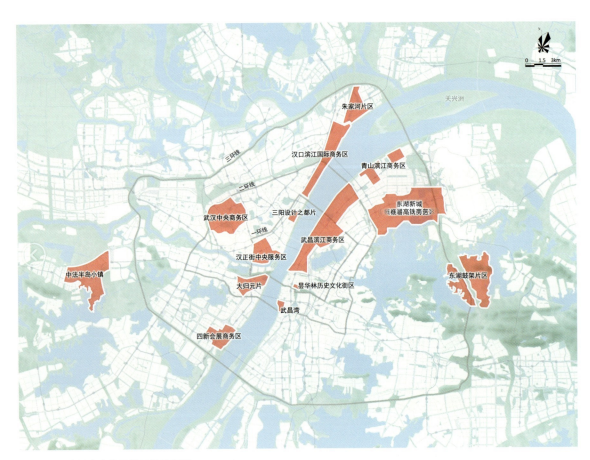

图1-2　14个重点功能区片区位示意图
资料来源：武汉市自然资源保护利用中心

落实武汉市总体规划和武汉市主体功能区体系的功能产业发展要求为目标，结合各自的场地特征和自然资源状况制定发展路线和具体实施规划。在规划的编制过程中，尤其注重功能产业策划先行，强化对供给侧和需求侧的统筹发展分析，以功能区的高质量建设实现城市空间的高质量供给，为城市功能产业集聚、市民就业与消费创造有效的升级条件。

在管理与组织上，高效合作，多业协作。 在城市从快速发展进入高质量发展的过程中，武汉市不断探索更为有效、高效的组织和实施模式，践行习近平总书记对城市治理提出的"树立'全周期管理'意识，努力探索超大城市现代化治理新路子"的思考与人文关怀。市规划局深入实施功能区建设，加强城市设计，全面开展"两江四岸"品质提升，助力城市功能和品质"双提升"。例如，以汉口滨江国际商务区为首个试点，创新性地提出了以"区委区政府+市国土资源和规划局"的规划编制组织与审查机制。在中法半岛小镇规划中，更是推进了"市区联动、中法联合"，特邀法国驻武汉总领事馆参与，实现了更高层次的国际合作。在规划实施的各个阶段，通过联席会制度，变多级多头的决策审批机制为扁平统一的统筹管理机制，大大提高了编制审批的科学性和实效性；创新性地建立了"本地设计机构+国际设计机构"的编制模式，以本地机构为平台，建立了多业协作的跨界工作营，实现了在地规划与世界眼光的有效融合，让规划方案"站得起来、落得下去"。

在建设与实施上，统一储备、集中建设。 在"统一规划、统一设计"的基础上，武汉市创新土地储备与供应模式，在以汉口滨江国际商务区、中法半岛小镇为代表的重点功能区建设中，变分散储备为统一储备；在昙华林历史文化街区的更新建设中，探索收购、回购、转让、资产划转、出资入股等方式归集产权；在东湖鼓架片区等生态功能区中，探索出租、联营等方式实施改造。通过创新灵活多样的土地储备与供应模式，武汉市切实推动各类重点功能区的土地集约利用、资产价值提升。在施工建设阶段，通过"统一建设"创新建设模式，变分散建设为集中建设，发挥聚集效应，形成规划建设合力，聚焦基础设施、公共设施建设和公共空间塑造，引领各类城建计划，有序引导城市建设，提升城市功能，改善城市价值，并且以公共投资建设提高经营性用地的附加值，促使投资效应最大化，让城市价值回归城市。

在治理与运营上，共谋共享，共治共荣。 市规划局一致秉持"开门办规划"的思想，创新性地建立了"众规武汉""总设计师制度""社区责任规划师"等平台和机制，并在汉口滨江国际商务区、中法半岛小镇、三阳设计之都片等重要功能区试行，搭建起政府和企业、居民之间的桥梁，以"共同缔造"理念推进城市面貌蝶变，缔造美好生活。在规划实施过程中，还通过统一招商、联合招商等模式，大力推进营商环境优化，构建了便捷高效的自然资源和规划服务体系。服务民生的意识也在功能区建设中日益深入，功能区采取优先实施还建安置的方式，解决居民的后顾之忧；功能区建成后还将大量增加就业岗位，促进就近就业、多元多模式就业等就业方式，提升居民的幸福感。

为推进不同类型的重点功能区的建设发展，提升城市功能，引领区域统筹集聚发展，武汉市政府通过推行政府、市场、社会"三位一体"的治理机制，搭建了一个协调有序、高效合作的城市治理体系，促进各方面资源的合理配置和城市各项工作的快速推进。

以重点功能区的建设提升城市竞争力、点燃城市活力引擎，在新的时代背景下走出超大中心城市发展差异化、特色化之路，武汉市给出了自己的思考、行动和方案。

02

行动与实践

ACTION
AND
PRACTICE

全周期管理 · 文化传承 · 招商运营 · 建设实施

　　如果说2012年是武汉重点功能区规划实施元年，那么翌年启动的汉口滨江国际商务区作为引擎和试点，则开启了重点功能区规划实施的探索和实践。通过践行全周期管理探索了城市治理新路子，在汉口滨江国际商务区规划实施中，创新提出了"统一规划、统一设计、统一储备、统一招商、统一建设、统一运营"的"六统一"规划工作实施模式，探索数字技术构建规划实施智慧管理平台，创新国土空间智慧治理方式；武昌滨江商务区、青山滨江商务区、大归元片等重点功能区在规划中，注重文明传承，延续城市文化；武昌滨江商务区、汉正街中央商务区、东湖新城等重点功能区创新招商模式，以规划引领招商，以招商落实功能；四新会展商务区、武汉中央商务区等重点功能区探索城市可持续发展之路，不断刷新城市形象。通过回顾这些重点功能区规划实施历程，从"规划—建设—实施"等不同阶段、不同维度还原武汉市重点功能区创新实践的细节与背后的故事。规划的核心永远是"人"，隐藏在这些理论和方案背后的，是生生不息的文化传承，是规划者、居住者对这座城市的眷恋。

汉口滨江国际商务区

　　汉口滨江国际商务区是武汉重点功能区首个示范项目，位于汉口滨江一线，武汉大道、张公堤、解放大道和沿江大道围合的区域，是武汉市"两江四岸"中央活动区的重要组成部分，总用地约6.33平方公里。商务区分为七期推进，其中商务区核心区范围为沿江大道、头道街、解放大道和宜昌路所围合的——因"二七大罢工"而得名的"二七核心区"区域，用地面积约83.6公顷。

　　武汉市自然资源和规划局按照"高水平规划、高标准建设、高质量实施"的工作目标，创新性提出"统一规划、统一设计、统一储备、统一建设、统一招商、统一运营"的"六统一"工作模式，凝聚多方力量、集中优势资源，全面统筹商务区的规划和建设工作。

规划概况

　　2013年，武汉市国土资源和规划局联合江岸区人民政府（简称江岸区政府），采取"本地+国际"的工作模式，以武汉市自然资源保护利用中心（原武汉市土地利用和城市空间规划研究中心，简称中心）为技术统筹平台，联合SOM建筑设计事务所、AS+GG建筑设计事务所、美国AECOM设计集团等6家国内外知名设计机构，高水平地完成了商务区核心区、五六期范围内的实施规划方案和控制性详细规划，并通过武汉市规划委员会（简称市规委会）审查。

　　汉口滨江国际商务区规划定位为绿色低碳、可持续的国际总部型商务区。其中，二七核心区规划方案围绕80亩（约合5.3公顷）的中央公园、3万平方米的国际音乐厅集聚金融总部楼宇，以3600米长的生态树桥构建了"三首层"立体城市；保留京汉铁路现状铁轨、老火车站等历史遗存，打造"文化之路"。

实施进展

2013年武汉市土地整理储备中心对商务区土地进行了整体储备，截至2023年，商务区1~5期已完成2340亩（约合156.0公顷）的土地储备，其中经营性用地约1160亩（约合77.3公顷）已实现全部供应，成功引入周大福、国华人寿、泰康人寿、中信泰富、新希望、中诚信等20多家含世界500强的全国性企业区域总部，总投资超1500亿元。2020年商务区6~7期土地整体储备工作全面开启，招商对接工作已经启动。

建设成效

2017年，汉口滨江国际商务区核心区全面开工。2021年，市政道路基本成形。2023年，地下环路、综合管廊基本完工，江水能源站实现供能条件。截至2023年，中央公园及周大福金融中心、中信泰富滨江金融城、武汉国华金融中心、新希望华中区域总部等一批金融保险业项目正加快建设，中诚信大厦、华讯科技金融城等商务楼宇接近完工，商务区的规划蓝图正在变为现实。高质量的城市规划、高效的土地储备，助力了区域的土地价值的实现。未来，这里将是武汉世界500强高度密集、金融资本高度积聚、城市地标建筑最集中的区域（图2-1）。

图2-1 汉口滨江国际商务区天际线效果图
资料来源：武汉市自然资源保护利用中心

汉口滨江国际商务区：
践行全周期管理，探索城市治理新路子

一流的城市治理铸就一流的城市。在城市高质量发展与精细化治理的趋势要求下，武汉市以汉口滨江国际商务区为首个重点功能区实施性规划试点，以全生命周期探索现代化城市治理新路子。结合武汉实际，汉口滨江国际商务区在规划实施的过程中探索出"统一规划、统一设计、统一储备、统一招商、统一建设、统一运营"的"六统一"实施模式，充分发挥规划的统筹性、融合性、传导性特点，推动区域建设从政府主导向多方参与转变，从计划配置资源向空间治理转变。汉口滨江国际商务区的建设，最终实现了空间与功能完美衔接、地下地上全面贯通、建设品质高度统一。在保障主体功能实现的同时，全面推动了商务区有机生长和持续治理。

统一规划：多方共谋，形成高水平规划方案

汉口滨江国际商务区的规划定位为国际总部型商务区，建设分七期有序推进。为了落实商务区的主体功能，规划充分考虑到商务区的产业经济发展的空间需求，对用地进行"统一规划"，集中建设，破解过去零星建设、分散开发、功能难以集聚等问题，实现空间的整体打造、功能的全面升级。

汉口滨江国际商务区的规划，尤其注重规划的编制与产业功能发展的紧密协同。在规划编制过程中，建立了多部门协同、多专业协作的"协商式"规划工作模式，在保障商务区主体功能落地的同时，主动对接市场，从需求侧和供给侧两端发力，吸引目标产业及其上下游产业链，在汉口滨江形成高端现代服务业聚集效应，提升城市功能。

立足高水平规划引领高质量发展，武汉市规划局联合江岸区政府，建立实施规划协作平台，将多主体的诉求在"统一规划"阶段进行融合，共同谋划区域发展，形成发展共识，为后期规划的高效实施奠定基础。从2013年开始，汉口滨江国际商务区采用"本地+国际"的方式开展规划编制工作，由武汉市自然资源保护利用中心联合SOM建筑设计事务所、AS+GG建筑设计事务所、美国AECOM设计集团、株式会社日建设计（NIKKEN SEKKEI）等国际知名设计团队，发挥各自优势，共同为汉口滨江国际商务区完成了高水平的规划方案。通过规划共编和紧密协作，在寻求具有长远眼光的规划方案同时，兼顾了方案的落地实施性（图2-2）。

在"统一规划"的理念引领下，汉口滨江国际商务区打破过去零星建设、分散开发带来的土地碎片化、功能难以集聚、重大项目难以落地的发展困境，以功能产业与空间布局一体化，保障规划经济可行和项目落地；以地上地下一体化，打造整体宜居宜业的高品质空间；以市政交通景观一体化，建设绿色低碳、韧性宜居的城市。通过三个"一体化"，推动商务区内产业功能、空间布局、交通组织、人文景观、地下空间和市政管网的高效融合（图2-3）。

在汉口滨江国际商务区实施规划编制中，数字技术的创新应用支撑着规划的全面实施。通过率先搭建的地上地下三维数字管控系统，商务区规划实现了各专业设计的自主校核、虚拟现实的直观展示，为后续项目规划管理、建筑设计与审批提供了数字化、智能化、可视化审批平台（图2-4）。

图2-2 汉口滨江国际商务区实施项目示意图
资料来源：武汉市自然资源保护利用中心

图2-3　汉口滨江国际商务区核心区功能空间布局示意图

资料来源：武汉市自然资源保护利用中心、SOM建筑设计事务所，《汉口滨江国际商务区核心区城市设计》，2014年

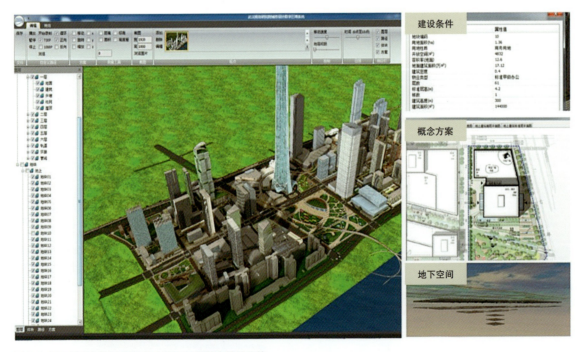

图2-4　汉口滨江国际商务区地上地下三维数字管控系统

资料来源：武汉城市仿真实验室

统一设计：多业协作，形成精细设计蓝图

为了实现规划蓝图向建筑施工图再向建设实景图的转变，以及区域整体打造、三个"一体化"规划理念的有效传导，汉口滨江国际商务区核心区提出了"先规划后建设、先地下后地上、先配套后开发、先生态后业态"的建设原则，率先开展了基础设施和公共设施各项工程的"统一设计"，保障基础设施、公共设施、公共空间建设与后续经营性用地开发建设的有效衔接。

2015年8月，商务区成立了工程设计指挥部，内设综合部、设计部和建设部，分别负责协调管理、综合设计和工程施工等工作。在综合设计组组建设计联盟后，中信建筑设计研究总院作为组长单位之一，联合多专业、多领域设计机构，对规划、建筑、勘查、测绘、交通、市政、能源、通信、燃气、给水、电力等15个专业进行全面统筹，完成综合设计方案、初步设计、施工图、施工配合服务四个阶段的设计工作。通过各项工程的"统一设计"，高效协调多个建设主体的工作界面，及时解决各专业交叉界面的设计冲突，形成精细化的设计蓝图，为商务区的高品质建设奠定了基础。

由于汉口滨江国际商务区建设项目宏大且复杂，涉及多专业、多设计单位，在工程设计的过程中，设计联盟运用了BIM模型对各专项设计成果进行了复杂的空间统筹，变一张蓝图为可视化的立体模型，辅助汉口滨江国际商务区核心区建设全过程的工程管理。通过BIM模型校核，在实现多单位设计协同的同时，辅助项目复杂区域的方案分析，提升了设计质量，提高了决策效率，节省了工期与成本，助力商务区高质量建设（图2-5）。

图2-5 汉口滨江国际商务区BIM模型整合平台
资料来源：中信建筑设计研究总院

统一储备：成片收储，保障主体功能落位

为推动汉口滨江国际商务区的高水平实施，必须依托成片的土地资源，形成金融、保险产业总部的聚集效应。为扭转分散储备、点菜下单式土地储备带来的项目倒逼规划、招商主导土地供应导致公益性设施被频繁调整等困境，解决空间品质与市场需求错位、功能定位与产业发展错配、建设标准与管理水平偏差等一系列问题，汉口滨江国际商务区以规划为引领，打破企业用地、社会居民用地边界，由武汉市土地整理储备中心集中连片对商务区土地进行"统一储备"，让"项目跟着规划走，土地跟着项目走"，统筹保障土地收储、基础设施开发，合理安排开发时序，在保障城市功能实现和品质提升的同时，实现商务区所在区域滚动开发、增资扩产。

市规划局、江岸区政府紧密合作，建立"市区联动"的工作机制，共同推进商务区土地储备及房屋征收工作。立足商务区发展定位，充分发挥土地要素对商务区功能产业发展的支撑作用，统一配置土地资源，保重点、保民生，优先收储保证商务功能的地标性塔楼、商务楼宇集中的地块，以及中央公园、基础设施所在的地块。在土地供应环节，精准对接市场可接受的投资开发规模，研究制定多个不同组合模式、不同规模的土地供应单元供开发企业选择。有序安排资金调度、设施建设、还建安置、重要招商项目的土地供应，实现资源配置与产业市场需求的充分衔接。

在土地储备过程中，用心、用情做好拆迁群众生产生活的安置工作，成为自然资源部门关注的重点。针对居民房屋的征收拆迁和还建安置这一难题，通过建立跨区域安置补偿机制、收购适配的商品房实施就近安置、保障房计划与功能区改造捆绑等多元还建安置措施，满足不同居民的安置要求，妥善解决了清真寺还建等征收拆迁安置难题。

2013年到2017年，商务区1～5期已完成土地收储2340亩（约合156公顷），实现土地全部供应，累计投入储备资金232亿元，土地成交总金额达430亿元。通过"统一储备"，汉口滨江国际商务区实现了土地储备和供应在时间、空间、资金方面的闭环，大大提升了区域的土地价值，实现了社会效应、经济效应的多赢局面。

统一招商：市区联动，精准招商落实主体功能

在汉口滨江国际商务区的招商阶段，市规划局与江岸区政府形成"统一招商"合力，以落实商务区主体功能为目标，坚持规划统筹，将规划与招商全程互动融合，保证汉口滨江国际商务区金融、保险总部核心功能的落位。

与其他项目在完成规划编制和审批后才进入招商阶段不同的是，汉口滨江国际商务区将土地储备、项目招商、土地供应在空间和时间维度上与规划、建设等环节进行统筹，确保重点功能区功能、品质以及土地的节约集约利用，最大化发挥土地效率。在商务区完成城市设计、进入各专项深化设计阶段后，市规划局举办了多场招商务虚会，主动对接市场，找寻区域的潜在企业客户，了解企业客户对产业项目在选址布局、产业联动、建设标准、空间环境等方面的需求，不断完善规划方案。

进入招商实施阶段后，市规划局与江岸区政府调动优势力量联合招商，精准招商，以商招商。

铁路局　华发　绿城　硅创+万科　周大福　中信泰富有限公司　新希望
华润　国华人寿　泰康人寿　光彩集团　保利+易瓦特
中诚信　中海+华讯　新希望
泰康人寿

图2-6　汉口滨江国际商务区招商落地项目示意图
资料来源：武汉市自然资源保护利用中心

汉口滨江国际商务区的招商从功能需求出发，形成招商目录和招商清单，通过清单管理，优中选优、锁定招商对象精准招商。改变以地招商的传统方式，设立招商条件，开展"有精准招商对象、有招商重点、有招商层级要求"的定制式招商；结合招商进程，通过资源资产组合供应等方式，发挥政府与市场的互动作用，为商务区主体功能落地和项目高效实施提供空间保障，吸引具有影响力的优质企业，以商招商。

2015年7月，汉口滨江国际商务区核心区启动土地供应后，周大福、中信泰富、泰康人寿、国华人寿、硅创置业等知名企业在两年不到的时间内纷纷落户商务区，实现了在汉口滨江打造汇集金融、保险等高端现代服务业的总部型商务区的规划目标（图2-6）。

统一建设：合理分工，统筹建设时序

以"功能产业与空间布局一体化、地上地下一体化、市政交通景观一体化"为规划设计思路的汉口滨江国际商务区，从地下到地上涉及多专业工程交叉，建设内容复杂且宏大。出于工程和空间的统筹，尤其是地下空间一体化建设的考虑，汉口滨江国际商务区核心区以"统一建设"为工作原则，实现精细化建设，保障项目的高质量落地（图2-7）。

2017年商务区的建设启动后，按照设施配套和开发同步的建设原则，以武汉二零四九集团有限公司作为实施主体，通过优质社会资本的引入，组建PPP公司，实现社会资本和施工总承包一体化的建设方式。参与"统一建设"的各机构建立"五方共责"工作机制，从资金筹措、前期设计、征地拆迁、审批招标、施工质量等方面为商务区高品质、高标准、高效率建设提供了有力的制度保障。

在"统一建设"的引领下，汉口滨江国际商务区核心区的建设采用"成片开挖、整体实施"的施工总承包方式，科学制定施工方案，地下空间整体开挖、统一建设，将节省建设投资约30%；通过优化施工流程，缩短建设工期15个月。

2017年，汉口滨江国际商务核心区全面开工；2021年，商务区的市政道路基本成形；2023年，地下环路主线、综合管廊长江二桥以南段基本完工，江水源能源站实现供能条件，并在长春街第三小学投入试运营。商务区面貌初见雏形。

图2-7　汉口滨江国际商务区核心区地下二层空间示意图
资料来源：武汉市自然资源保护利用中心，《汉口滨江国际商务区核心区修建性详细规划》，2014年

统一运营：多元参与，打造智慧城市

作为高水平的总部型商务区，需要以高质量的发展支撑城市功能的实现。汉口滨江国际商务区建成后，将通过"统一运营"，引入高水平的物业团队，融入智慧城市的管理技术，实现高水平管理，保证区域品质持续提升，功能持续完善。

商务区将按照"城市营造""大物业"的理念，搭建"数字管理、动态更新"的智慧运营平台，借助云计算系统、智慧交通系统、城市信息模型（CIM）系统、能源管理系统、污水处理系统等先进技术，对区域内的资讯管理、数据交换、交通出行、物业管理、节能减排、招商引资等进行统一高效的数字化管理。数字技术在汉口滨江国际商务区的全方位应用，在交通辅助方面实现停车诱导、交通管控；在生活便利方面实现信息发布、交流互动；在安全保障方面实现事故监察、电子预警；在环境治理方面实现环境监测、环卫感应，保障现代化新型商务区的功能实现。

借助物业运维系统和智慧管理平台，汉口滨江国际商务区将实现交通组织、基础设施、公共安全、生态环境、网络空间等重点领域运行状况监测的信息展现与系统交互，一幅多元共治共享的汉口滨江国际商务区"商务区运行全景图"将在长江左岸全面展现。

汉口滨江国际商务区：
数字孪生，智慧治理智慧生活

将数字技术运用在规划编制、审批管理、建设实施及城市运营中，是汉口滨江国际商务区探索规划实施、"一张蓝图干到底"的重要内容。从2012年开始，汉口滨江国际商务区就率先尝试将数字技术作为规划实施的支撑，全过程串联规划编制、审批管理、建设实施以及城市运营等各阶段，为超大城市探索智能化城市空间管控和城市治理踏出了创新性的第一步。

以数字技术应用支撑汉口滨江规划实施

随着科技的不断进步，数字化技术已经渗透到我们生活的方方面面，在现代社会运行和经济发展中承担着越来越重要的功能。将城市信息模型（CIM）、大数据、云计算、区块链、人工智能、地理信息、空间感知等前沿技术手段运用到城市管理中，不断推动城市管理理念、管理模式、管理手段的创新，已经成为现代城市治理的重要方式。近年来，各级部门先后发布了多个文件，要求各大城市开展CIM基础平台建设及应用，CIM技术被视为落实网络强国、数字中国、智慧社会目标的重要举措。

为了避免过去规划编制完成转入推进实施阶段时，存在着土地零星开发、建设计划零散等现象，造成城市功能不彰显、城市公共利益难以保障等问题，武汉市在汉口滨江国际商务区核心区的规划实施中，启动武汉城市仿真实验室建设，将数字孪生理念全过程串联规划编制、审批管理、建设实施以及城市运行各阶段，全面强化规划统筹作用，打通从规划编制到实施与运营的"最后一公里"。同时，运用数字孪生城市理念，全面开展了国土空间规划实施监测探索，在包括数据体系、检测网络和智慧工具等内容的数字平台，实现从规划、设计、审批、实施等环节之间的信息有效传递，确保规划实施建设不走形、不变样，为规划的全面落地进行了全生命周期的保驾护航（图2-8）。

图2-8　汉口滨江国际商务区二七核心区数字平台
资料来源：武汉城市仿真实验室

以数字化城市蓝图提质城市空间管控

在汉口滨江国际商务区规划实施的过程中，数字技术贯穿了规划、管控、建设、运营四个阶段。项目团队开展了全周期、全区域、全要素、全应用的规划实施监测与数字化管理探索，将BIM、人工智能、数字三维等技术对应在规划实施的不同阶段，开发了智慧规划、智慧管控、智慧实施、智能运营等四大功能模块。

智慧规划模块，支撑实施性规划蓝图的有效编制。以"规划同频、数据共享"为抓手开发的智慧规划模块，以数字化底图、"共同规划"模块和数字化规划数据库的建立，支撑实施性规划蓝图的有效编制。在规划编制前，以"三调"变更调查及补充专项调查为基底，结合全市三维数字城市，形成高精度的现状底图模型，包括地上的地形地貌、建筑空间、道路交通等，地下的市政管网、综合管廊、土壤污染、地下空间等，并叠加人口、经济产业、历史文化、防洪排涝等数据，作为规划设计的统一底图，用于规划编制。在规划编制和设计阶段，通过建设多专业协同的"共同规划"模块，对法定规划、城市设计、交通规划、市政设施、产业策划等多专业的规划设计团队提供公用的技术平台，用于方案上传、比对、提醒和交流互动，形成多专业、全周期的在线协同，提高规划编制水平。将上述各项成果转化为控规和修详规成果，并全部纳入数字化平台进行统一检测、管理，确认各专项成果之间衔接一致后进行审查批复，用于后续规划实施监督，为汉口滨江国际商务区形成数字化的规划数据库。

智慧管控模块，保障管控要求有效传递。在汉口滨江国际商务区的规划审批管理阶段，智慧管控模块以"管控同源、精准传导"为抓手，对规划实施监测反馈整理。基于数据治理和要素提取，智慧管控模块对道路、地铁、隧道、公共建筑、住宅、公园、能源等空间要素的土地收储、供应、审批等规划实施进度进行动态汇总，用于各要素之间的协同呼应、不断优化实施时序，保障规划有序实施。针对刚性要素，智慧管控模块通过研发"机审""图审""条件提取""高度管控""退距校核"等工具，对用地类别、建设强度、建筑高度、建筑退距、公共空间、贴现率等20多项自然资源和空间形态要素进行提取和转译，对项目方案的合规性、合法性等强制内容进行空间计算与指标校核，确保管控要求精准严格传导。针对弹性要素，智慧管控模块运用数字三维模拟系统和"多方案比选""视域分析""天际线模拟"等功能，对总平面图协调城市界面、特色风貌、空间尺度、建筑体量、建筑风格等进行智能比对和在线实景反馈，实现项目方案合理性的模拟评判和推敲决策。

智慧实施模块，统筹规划建设精准落地。在汉口滨江国际商务区的建设阶段，以"建设同步、信息共造"为抓手开发的智慧实施模块，推进智能建造，运用BIM、虚拟现实等技术，研发智能建造模块，施行多专业、多部门、多单位的协同设计，联动施工，将市政道路、电力、供水、燃气、能源等18个专业纳入系统模块进行综合统筹和数据集成，对规划实施过程进行全要素监测，实现了精准定位、精准对接、同步施工的高质量建设愿景。这些汉口滨江国际商务区的数字基础设施在转化为城市管理运行的数字化资产本底后，将用于下一步城市综合管理和社会运行的数字化平台构建。

智能运营模块，实现城市高效智能运营。以"运营同向，数字共生"为抓手搭建的智能运营模

图2-9　汉口滨江国际商务区数字孪生平台界面示意图
资料来源：武汉市自然资源和规划信息中心

图2-10　汉口滨江国际商务区数字孪生平台智慧规划示意图
资料来源：武汉市自然资源和规划信息中心

图2-11　汉口滨江国际商务区数字孪生平台多专业碰撞检测示意图
资料来源：武汉市自然资源和规划信息中心

块，在近期以实时运行、安全韧性、智能停车等城市"大物业"为重点，形成汉口滨江国际商务区城市基础设施智慧管理系统。目前，智慧运营模块已经实现交通调度、管廊运维、区域安防、能源管理、公园管理等智能运营服务。在远期叠加后期运营管理的人口社会、经济产业、交通物流等信息流数据后，智能运营模块将从商务区全时空、全天候的监测运行管理拓展至经济运行、楼宇招商和社会风险治理等领域，全面参与汉口滨江国际商务区的运维管理。

以孪生城市，探索现代化城市治理之路

作为武汉市数字城市建设试点，汉口滨江国际商务区，在规划编制、管理、实施和运营全程采用了数字化的理念与方法，形成了一套行之有效的可推广经验。目前，武汉市正将这一套做法拓展至武汉新城、长江新区、中法半岛小镇等项目的规划建设工作中，以提升空间监测与治理水平。

十余年来，汉口滨江国际商务区运用数字技术规划建设的经验和成果，也成为武汉城市仿真实验室搭建数字孪生城市的雏形。以"从规划源头和管理角度对城市进行仿真和感知，提前科学管理，让城市更智慧"为思路，2018年5月，在市规划局的部署下，武汉市成立了全国第一家城市仿真实验室，以城市量化研究为出发点，通过多源数据的融合与增值，构建空间数学模型，模拟复杂城市系统，感知城市体征，监测城市活动，预演城市未来，创新城市规划的工作方法和技术手段，最终构建智慧化的城市治理决策平台，赋能城市智慧生活（图2-9～图2-11）。

在万物有生、万物互联的数字时代，数字孪生城市技术的应用，将参与构建智慧城市等多个领域的一体化解决方案，为城市带来更加便捷、智能的智慧化生活。通过汉口滨江国际商务区数字孪生城市的探索，武汉市的城市数字化转型和全场景智慧应用建设走在了全国前列，为全面实现"高效办成一件事，精准服务一个人，全面治理一座城"，支撑超大规模城市治理的总体目标，作出了积极的贡献。

武昌湾

武昌湾位于拥有1800年悠久历史的武昌古城西南角，处在百里沿江生态文化长廊与武汉市二环线交汇的重要战略位置，规划范围为张之洞路、解放路、鹦鹉洲大桥与长江围合区域，总用地面积约64.2公顷，拥有1.6公里的长江岸线和独具特色的江湾空间格局，区域内汇聚了长江大桥、蛇山、黄鹤楼等城市人文地标，坐拥文—江—湾—城—人—船等多元资源禀赋，是江河际会的长江文明荟萃地，也是武汉市建设国家中心城市、打造长江主轴的重要区域。

规划概况

为高效、稳妥地推进武昌造船厂（简称武船）区整体搬迁，通过区域空间及功能再造，带动周边区域高质量发展，2019年武汉市自然资源保护利用中心联合美国AECOM设计集团等机构，开展了高品质实施规划，助力打造武汉国际化品牌的新窗口。

规划对标国际著名滨水文化湾区案例，提出"打造世界级文化水岸、国家级音乐活力街区、武汉最国际化社区"的规划定位。紧扣区域特色资源及文化价值特点，融入工业再生、文脉传承理念，优化临江大道线形和断面，保护、激活文保单位和工业遗产，以公共空间强化江与城的联系，构建"一江一岸一街、一主四副多廊"的空间骨架；引入长江武船文化中心、潜艇音乐厅等重量级文化地标设施，重构"小街区、密路网"格局和宜人的开放空间体系，建设历史与时尚相融合、自然与人文相辉映的滨江文化公园和国际化标准社区，打造集文化艺术、时尚体验、生态住区、国际配套于一体的城市目的地和形象客厅。

实施进展

2019年以来，在市区联合推动下，经过近三年的土地整理、项目招商和规划设计，截至2023年，武昌湾片区已经出让10宗开发用地，总用地面积达450余亩（约合30余公顷）。引入武汉长江天地、武昌湾中心、音乐活力街、高品质书店、长江观景台等优质重点项目。

建设成效

2022年12月，武昌湾堤防改造与江滩环境整治工程以及右岸大道南段工程（张之洞路—八坦路）全面动工。武昌湾综合开发项目总投资额约400亿元，其中新天地滨水商业街区、武昌湾国际社区正在建设中。依托"世界级文化水岸、国家级音乐活力街区以及武汉最国际化社区"的建设，助推武汉国际化发展（图2-12）。

图2-12 武昌湾天际线规划效果图
资料来源：武汉城建瑞臻房地产开发有限公司、美国AECOM设计集团，《武昌湾总体规划》，2022年

武昌湾：
亲长江、近历史，让城市文化记忆焕新城市生活

占据优势地理位置、呈现独特江湾格局、拥有丰富的历史文化底蕴的武昌湾，原是武昌造船厂所在地（图2-13）。该厂始建于1934年，"一五"期间被国家列入156个重点建设项目，毛主席曾14次莅临武昌造船厂，这里诞生了我国第一艘军用潜艇，彰显了武汉船舶工业的辉煌和荣耀。武昌造船厂既是武汉市工业文化的杰出代表，也是武昌重要的历史文脉之一。

武昌造船厂搬迁改造，为武汉主城中心区建设提供了弥足珍贵的发展空间，"尘封"的武汉江河际会之地迎来蝶变新生契机。位于武昌古城门户及鹦鹉洲大桥桥头堡位置的武昌湾，其优越的地理区位、独特的江湾格局、丰富的文化底蕴构成了其独特的场所氛围，成为滨江内环的价值高地。

取名"武昌湾"，不仅源于其独特的江湾格局——古河道巡司河入江口、蜿蜒滨江岸线形成的内凹形湾区、宋代红庙码头；而且因为其作为武汉江河际会的长江文明集聚地，这里作为华中近代纺织工业基石、自强创新的武船文化诞生地、武昌古城历史文脉的重要组成部分，保留了江—湾—城—人—船多元的历史积淀。为支持武昌造船厂所属武昌船舶重工集团有限公司更高水平发展，市、区政府高度重视武昌湾规划建设工作，提出了通过区域空间更新及功能再造，打造世界级长江水岸，助力武汉城市高质量发展的目标。

图2-13 原武昌造船厂航拍图
资料来源：武汉市自然资源保护利用中心，《武船厂区地块前期规划研究》，2019年

延续船厂的历史记忆，打造面向世界的长江生态文化水岸

坚持场地价值的挖掘和保护，最大化争取武船工业厂房及元素的保留。

在武汉人的记忆里，武昌造船厂（简称武船）所在的区域，是一个略显神秘的地带。由于厂区特性，这一区域的建筑遗存、空间格局以及厂区特点只有工作和居住在船厂的工人才熟知。武船搬迁、厂区改造，城市这一区域重新回归公众视野，这让许多武汉人好奇、期待。

作为近代史上最早进入工业革命的城市之一，一个多世纪以来武汉作为工业重镇的历史几乎堪比其作为商贸重镇的历史。"一五"时期一批"武"字头重点建设项目的落地，更是凸显出武汉在新中国成立之后的重要地位。进入21世纪，国家战略发展与经济结构转型提出新要求，大型工业城市相继转型发展，武汉也不例外。近年来，武锅（武汉锅炉厂）、武重（武汉重型机床厂）等厂区相继搬迁改造，以全新的样貌重新回归城市生活场景；如今，武船厂区搬迁，也将揭开其神秘的"面纱"。

基于片区的空间特性、文化历史以及功能再造，规划建设武昌湾将打造面向世界的长江生态文化水岸，是武汉市落实中央关于长江大保护的战略要求，也是建设国家中心城市、打造百里沿江生态文化长廊的重要举措。规划从武昌古城及武昌造船厂的深厚历史文化底蕴积淀出发，保留具有本地历史记忆的工业构筑物、植被、景观等元素，延续基地多层次的场地记忆，并以创新的规划设计将其融入城市的公共空间中，唤醒历史场所的时代活力，以创新的视角展现片区内的工业文化、古城文化、红色文化、长江文化、音乐文化等。

整体保护街道格局和林荫大树，临江大道改线内弯形成滨江公共腹地

规划团队在前期对这一区域进行了多次的走访与调研，记录下厂区的环境、生态现状以及生活记忆。坚持保护城市工业遗存、挖掘历史文化内涵，在规划中充分尊重场地历史遗存、生态环境、空间肌理格局，再现城市工业时代的记忆；整体保护现有街道格局和林荫大树，在场地整理和土地挂牌之前，对武船厂区大树进行了详细的摸排，挂牌保留大树158棵。为了打造真正的一线临水空间，临江大道改线内弯形成滨江公共腹地，最大化保留滨江历史文化资源，创造真正可亲水的滨江公共空间。

打造世界级长江文化水岸、武汉国际化品牌新窗口

围绕片区特色资源及文化价值特点，规划对标旧金山恩巴卡德罗历史街区、悉尼岩石区、伦敦南岸等全球知名滨水文化区，立足长江大保护、百里长江生态文化长廊及武汉历史之城建设，考虑加强与周边城市的紧密联系，融入"工业再生、文脉传承"等理念，将武昌湾打造成为集文化艺术、时尚体验、生态住区、国际配套于一体的城市目的地和形象客厅。"向世界展示武汉的窗口，助武汉走向世界的地标"——这句写在项目规划书上的口号，宣告了武昌湾作为创建武汉国际化品牌新窗口的雄心——鹦鹉洲大桥之下、巡司河入江口，首个世界级长江文化水岸将成为武汉新的城市地标（图2-14）。

图2-14 武昌湾鸟瞰效果图
资料来源：武汉市自然资源保护利用中心、美国AECOM设计集团，《武昌湾城市设计》，2021年

坚持以人为本，让历史中的"城"与"江"在发展中和谐对话

拥江抱城，塑造古今江楼交相辉映的水岸形象

地处滨江内环的武昌湾，未来将与黄鹤楼、长江、鹦鹉洲大桥、巡司河等构成一幅色彩辉映、高低错落、疏密有致的城市画卷。

武昌湾以打造世界级文化水岸、国家级音乐活力街区、武汉最国际化社区为愿景，优化临江大道线形和断面（图2-15），保护激活文保单位和工业遗产，以公共空间强化江与城的联系，构建"一江一岸一街、一主四副多廊"空间骨架；依托武昌古城及武汉音乐学院人文底蕴，凸显红色、工业文脉，建设长江武船文化中心、潜艇音乐厅等重量级文化地标设施打造世界级文化水岸地标；依托区域音乐、医疗等资源禀赋，引入国际化标准的健康社区、医院、学校、音乐街等高端服务功能，重构"小街区、密路网"格局，打造人性尺度、功能混合、亮点纷呈的活力湾区和国际社区。

为打造世界级长江文化水岸，武昌湾项目研究了多个成功的国际案例并总结了这些成功的世界级水岸的特点，包括：慢行而高可达性的滨江空间，视线通透、可直接观水，避免穿越型道路割裂城市与滨江空间，新旧融合、具有历史感，重量级的商业及文化项目，高混合度的滨水城市功能等。由此，武昌湾充分借鉴国际成功经验，并在此基础上面对场地特点和现状条件，寻求进一步创新突破。

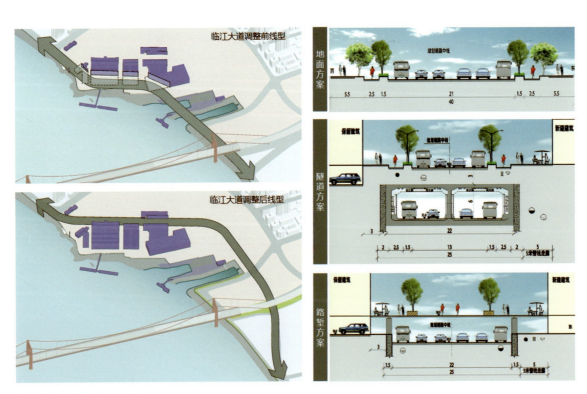

图2-15 临江大道规划方案
资料来源：武汉市自然资源保护利用中心、美国AECOM设计集团，《武昌湾城市设计》，2021年

抬高场地，创造一览无余的滨江视野

作为武昌湾项目的规划实施与建设者，瑞安集团可持续发展总监、规划发展及设计部总监陈建邦介绍，面对长江大堤的防洪要求，武昌湾用创新的滨江场地整体抬高做法，创造长江边上视线最通透，直接观水、亲水的滨水空间，"亲长江、近历史，在武昌湾将真正成为可能"。结合城市的区域路网规划、场地抬高立体分流交通，既满足区域过境车流，又打通江与城的连接，创造亲近、友好、可达的交通体验。充分保留利用散落的历史建筑遗存，以突破性的小街区、密路网形式结合街区风貌营造将新旧融合，创造具有参与感的多元文化场景，融入武昌古城的文化氛围。打破滨江常见的高强度围合隔离，以大起大落的天际线打通黄鹤楼与鹦鹉洲大桥之间的视线通廊，让历史中的"城"与"江"在新时代的发展中和谐对话（图2-16）。

巡司河口城市T台、武昌湾潜艇纪念坡道、右岸城市客厅、毛主席纪念广场、毛主席游长江处……未来这里将成为连续的江滩公园：1.6公里长江岸线与商业空间结合，既慢行宜游，又可见水、近水、亲水。公共绿地连接滨水空间，建筑布局与重要节点形成轴线对景，环湾空间一体化景观设计连接南北两岸，复合多元的场域空间与滨江观景空间无缝衔接，就连桥下的空间也被打造为多样化景观体验的场所，创造层次丰富的空间感受。

通达兼顾，构建慢行友好的滨江交通组织

一线亲水，高效到达是关键——南北过境交通由临江大道下穿段分流，东、南、北三个方向高渗透性车行抵离，轨道交通多出站口经由舒适慢行路径抵达滨江。同时，结合场地和道路的衔接，为形成临江大道交通立体分流，将路堑方案调整为快慢分离的深层框架结构方案，减少地面过境交通，打造地面舒适宜人林荫道，让行人可以漫步其中。

图2-16　武昌湾滨江公园规划效果图
资料来源：武汉城建瑞臻房地产开发有限公司、美国AECOM设计集团，《武昌湾总体规划》，2022年

独特的场地风貌、多元的功能混合，打造独具一格的长江文化水岸

武昌湾将建设重量级滨水商业文化地标，引入多元混合的滨江城市功能，综合工作、娱乐、休闲、生活、学习需求，结合场所记忆和当代理念，创造新模式与新体验，提供一个全天候、日夜活力的滨江目的地。为当代与未来的武汉提供一个长江边上最便捷抵达、最近水、见水、亲水的世界级长江水岸及滨水公共空间（图2-17）。

武汉长江天地引入5000平方米高品质书店、船坞艺术商业中心、天地街区、剧场，提供丰富多样、持续不间断的文化艺术生活；武昌湾中心以高端酒店、总部办公、江景客厅为城市提供商业配

图2-17　武昌湾总平面图
资料来源：武汉市自然资源保护利用中心，美国AECOM设计集团，《武昌湾城市设计》，2021年

套与产业服务；武昌湾桥头堡营造花园办公、创意总部、空中剧场等文化、生态、商业相融合的场所氛围，提供个性化空间与体验；音乐街以武汉音乐学院为基础发展特色街区，打造音乐广场、音乐剧场、音乐商街，创造独一无二的艺术体验（图2-18~图2-20）。

图2-18　武昌湾桥头堡规划效果图
资料来源：武汉城建瑞臻房地产开发有限公司、美国AECOM设计集团，《武昌湾总体规划》，2022年

图2-19　音乐街规划效果图
资料来源：武汉市自然资源保护利用中心、美国AECOM设计集团，《武昌湾城市设计》，2021年

图2-20 武汉长江天地规划效果图

资料来源：武汉城建瑞臻房地产开发有限公司、本·伍德事务所，《武昌湾总体规划》，2022年

开门规划，探索规划设计与招商互动的工作模式

为了保证"规划—设计—实施"的不走样，武昌湾坚持开门规划，探索"规划研究—对接市场共同设计—成果法定化—挂牌出让"的工作模式。项目初期开展前期规划研究，明确基地核心价值、限制性条件、规划定位、初步开发规模及留改拆方案等框架性控制要求。在规划设计过程中加强与意向企业及其委托的国际化设计团队进行互动对接，通过不断地深化完善形成高水平的城市设计方案。最后，进行规划成果的法定化。

为将武昌湾打造为集文化艺术、时尚体验、生态住区、国际配套于一体的城市目的地和形象客厅，助推大武汉国际化发展，瑞安集团与武汉城建集团联手共建，邀请国内外设计机构形成国际化联合规划设计团队，联合聚力共谋武昌湾规划建设。

武昌湾项目的规划设计团队阵容庞大——美国AECOM设计集团负责总体规划设计，本·伍德事务所负责滨江商业规划和历史保护建筑规划，上海天华建筑设计有限公司负责社区规划，易兰（ECOLAND）规划设计事务所负责滨江景观规划；本地机构武汉市自然资源保护利用中心负责总体规划技术复核，武汉市规划研究院（武汉市交通发展战略研究院）（简称市规划院）负责交通规划与评估，武汉市规划设计有限公司负责市政工程统筹，武汉市市政工程设计研究院有限责任公司（简称市政院）负责右岸大道工程设计，长江设计集团有限公司负责长江堤防设计。

探索重点功能区总规划师团队，保障项目设计和建设不走样

为推动武昌湾高品质建设、高质量发展和精细化管理，2019年9月起，武汉市自然资源保护利用中心作为技术服务工作平台，全过程参与武昌湾规划研究、土地收储、项目招商、城市设计、详细规划、方案设计等工作，统筹协调各专业、各专项意见，高效推进武昌湾规划设计、挂牌出让和方案落地。

项目启动之初深入调研，全面摸清了场地历史文脉、工业遗存、建筑限高、长江防洪、生态环境等底线要求，坚守城市底线和高点定位，保障城市公共利益，推动城市功能和空间高品质发展。在前期调研、规划设计过程中，对于武汉市民关心的历史遗存保护与利用问题，项目团队多次与武船进行沟通协调，回应市民关切、聚合城市各方力量共同建设。

项目团队积极探索重点功能区总设计师制度，强化对企业拿地后建筑方案、工程实施、招商运营等工作的持续跟踪和指导。在建筑设计及方案审批阶段，依据规划设计条件及城市设计方案，在保证城市功能及空间形态合理性的前提下，协助审批部门对设计方案进行前置性沟通和审核，提出建筑形态、风格、材质、色彩等优化建议；在建设实施阶段，协调建筑与城市空间及公共活动关系，对公共空间、景观环境、交通组织、市政设施、地上地下立体复合利用等方面的建设协调、整体品质提出技术意见。深化多方协同共同推进的互动机制，推动武昌湾城市重点片区高质量规划和方案落地。

青山滨江商务区

　　青山滨江商务区地处武汉市两江四岸的江南东北部门户（俗称青山"红房子"），作为长江主轴的重要组成部分，是引领青山区由武汉市工业重镇向宜居宜业城区转型蝶变，实现"一轴两区三城"格局中"滨江红城"的重要承载区域和发展引擎。青山滨江商务区核心区东片是武钢工人生活遗存集中的片区，规划范围北抵长江，南至和平大道，西至建设五路，东至建设八路，用地面积约1.47平方公里。

规划概况

　　2014年6月，采取市区联动方式，武汉市国土资源和规划局、青山区人民政府联合组织启动规划编制工作。以武汉市规划研究院（简称市规划院）为工作技术平台，立足国际视野，邀请株式会社日建设计、仲量联行、武汉市交通发展战略研究院（2022年9月并入武汉市规划研究院）和武汉市政工程设计研究院等国内外设计机构，分阶段完成总体城市设计和启动区深化方案，并通过市规委会审查。

　　核心区东片以彰显青山"红房子"文化特色为核心，重点构建"双轴、双带、六片区"的L形空间格局，打造当代工业文化展示平台。延续红房子"囍"字形肌理特征，营造尺度宜人的庭院空间。依托"红房子"建筑的改造更新，注入文化展示、酒店、SOHO办公、特色商业等激发区域活力的功能，打造红房子故事馆、特色精品客栈、文化商业街、创智工作坊等核心项目；通过传统与现代相互融合的垂江风貌轴串联核心项目，结合空间连廊延伸至江滩公园，与滨江江滩共同形成传承青山记忆的特色中轴（图2-21）。

实施进展

　　目前，核心区东片土地收储及出让工作已基本完成。核心区东片7~18街坊可更新经营性地块已基本完成土地挂

图2-21 "红房子"核心保护区空间更新
资料来源：武汉市规划研究院，《青山滨江商务区核心区实施性规划》，2018年

牌出让，仅剩余12街坊武钢工人文化宫地块、妇幼保健院地块正在实施征收。主要历程为：

2016年，招商地产取得13～14街坊约15.7公顷的土地开发权，现已基本建成；

2017年，武汉地产联合融创地产取得18街坊西侧约1.74公顷的土地开发权，现已基本建成；

2019年，华侨城集团取得8街、9街（保护区）、7街、10街（建设控制协调区）与11街的土地开发权，现7街约6.6公顷处于已批在建状态，8～11街约26.6公顷处于已供未批状态；

2019年，大华集团取得12街坊东约3.9公顷的土地开发权，现已基本建成；

2020年，华侨城集团取得15街坊、17街坊西侧、18街坊东侧共计约12.78公顷土地开发权，现已基本建成。

按照总体城市设计和启动片深化方案，已成功引入华侨城集团、融创地产、大华地产、招商地产等知名成熟开发企业入驻，"红房子"区域全面征收。

建设成效

核心区东片均已全面进入规划实施阶段，13～14街居住、商务和小学以及16街高中已建成使用；以8街坊红坊创意中心（原红钢城小学）作为"红房子"保护更新的首批实践项目，实施完成原红钢城小学建筑改造与活化利用。

2021年，红坊创意中心改造方案获得2021德国ICONIC AWARDS优秀奖，实施后的红坊创意中心成为区域文化体验的新地标与网红打卡地；基本实现核心功能和配套民生设施落地建成，滨江一线景观基本成形。

青山"红房子":
记忆再现，工业文化遗产的保护与利用

　　武汉的工业化进程持续了百余年且有迹可循，从汉阳铁厂到青山武钢，从洋务运动的代表人物张之洞到武钢每一个普通劳动者……武汉工业遗产分布较广且具有多样化的特点，仅列入第一批武汉工业文化遗产名录的就有27处之多，其中15处具有稀缺性且在全国有较高影响度。"传承历史文化，守住城市根脉，留存城市记忆。"合理保护和利用这些工业文化遗产，就是对大武汉城市发展历程中奋斗精神的继承延续，青山"红房子"作为武钢创业者曾经的生活场域，不仅承载了青山人的集体记忆，而且将开启青山人的华丽转身。

文化记忆再现：合理保留，以多元空间为载体实现

　　青山"红房子"是武汉工业化进程的重要见证，是现存最能反映"一五"时期武汉历史风貌的"活工业遗产"。青山"红房子"按照街坊形制建设，整体呈"囍"字几何肌理、低密度布局，拥有高绿量围合庭院和公共空间，建筑呈现红砖墙、坡屋顶、精构造的风貌特色，其独特的建设形制和建造技术具有不可替代的历史时代特色和艺术价值。"红房子"保留下来的建筑遗存、空间肌理和庭院环境，成为武钢人艰苦创业、共建家园的记忆载体，印证了武汉市"敢为人先"的城市精神。

　　青山"红房子"工业遗产不仅由工人住宅、交通系统以及社会生活场地等构成，还包含了几代人的历史记忆。具有时代特征的物质空间是人们文化记忆的重要载体，项目组在对"红房子"片区的工业遗产进行细致考察后，对该片区空间肌理、历史建筑、历史树木、历史街巷等进行梳理与价值分级，通过国际征集选定株式会社日建设计进行联合规划，围绕8街、9街坊核心保护区、7~18街坊可更新地块，制定系统性、整体性保护方案：划定"历史地段（街坊）—院落—历史建筑"三个层次，延续"囍"字肌理（图2-22），采取保护修缮历史建筑立面与内部结构更新（图2-23）、新建复原立面风格与增加地下空间、拆除无保留价值的危房与提升院落空间品质、增加绿地广场与营造邻里互动场所、开展百年树木点位保护等分级保护措施，历史街巷突出建筑退界空间与道路步行空间一体化设计（图2-24），以期通过物质空间的保留与再造，重现青山"红房子"独特的场地性格和场所精神。

工业遗产保护：科学管控，细化开发条件

　　实施性规划明确了青山"红房子"工业遗产的底线管控要求，将规划方案有效转化为管控要求并传导至土地出让条件。在街坊层面，主要控制与整体风貌相关的建筑强度分区、高度分区、建筑密度、建筑风格与体量，以及建筑退红线距离、临街建筑贴线率等与公共空间相关的指标与要求；院落层面则注重维系院落整体形态，控制庭院尺度、空间开敞度等相关指标与要求；建筑层面主要鼓励红砖、坡屋顶、方形门框、镂空窗花等特色立面的提取与应用，最终形成以保护历史建筑、院

图2-22 "红房子"核心保护区现状影像图
资料来源：武汉市规划研究院，《青山滨江商务区核心区实施性规划》，2018年

图2-23 "红房子"历史建筑更新
资料来源：武汉市规划研究院，《青山滨江商务区核心区实施性规划》，2018年

图2-24　红钢二街街巷空间更新
资料来源：武汉市规划研究院，《青山滨江商务区核心区实施性规划》，2018年

落空间为前提的非净地式土地出让条件。

　　如建筑高度控制方面，规定新建商业商务建筑高度不超过原"红房子"建筑高度15米，中部地标建筑不超过20米，以保护街区的整体风貌；8街坊、9街坊明确保留提升区域与可更新区域边界，保留提升区域应整体保护风貌及肌理，提升建筑围合的庭院空间景观品质，受保护庭院内原有树木等绿化植物应结合庭院景观统一设计；8街坊中部可更新区域用地面积不大于44200平方米，结合整体功能要求可新建或改建建筑，控制不小于2000平方米绿化广场等，在空间、形态与功能上以多维度实现文化记忆的再现。

工业遗产利用：立足特色，精准策划，空间与业态一体化设计

规划遵循基地从"一五"至"十二五"时期发展的历史脉络，从国家、省、市新时期宏观背景和青山滨江在全市区域比较价值等方面入手，提出当代工业文化展示平台的主题定位，结合自身工业遗产资源特色与区域产业链分析，明确重点发展"文化创意、旅游休闲、工业设计、金融服务、专业服务"五大主导功能。

围绕青山滨江"红房子"工业遗产独特的建筑空间风貌、庭院环境、整体空间肌理等特色，规划基于空间与业态一体化设计的思路，从耦合原有建筑功能与空间场地的保护性更新角度出发，分类选择、分解并深化细化业态，形成具有特色的、关联和促进效应的业态体系。一方面，结合建筑保护层级与更新要求策划可行性的功能业态：针对"红房子"保护建筑或修缮建筑，考虑若更新为商业功能则会采取增加招牌、扩大出入口等过多的结构性改变，因此建议策划以SOHO办公为主；可更新建筑结合挑出空间，采取局部扩建等方式用于商业、酒店等功能（图2-25）；针对受结构、设备制约的部分空间，考虑到市场的接受度，可限定为博物馆等功能。另一方面，规划遵循既有工业文化风貌、空间肌理尺度、庭院环境等特色，布局纵贯核心的人文历史空间的中轴线，有序组织新旧场所空间（图2-26），集聚图书馆、美术馆等文化创意、科普博览类功能业态，推动特色工业遗产区向文化创新中心转型，带动周边城市功能提升。

区域形象重塑：基于红坊文脉，制定项目清单引导实施

充分认识和利用青山滨江独特历史、文化资源，激发和重塑城市功能内核，是该片区更新转型的核心和重点。规划提出源于文化、传承创新的思路，通过融合文化创新与空间更新，契合市场诉求，采取文脉缝合、产业激活和社区活化等策略，谋划精品主题客栈、文化展示馆、文化商业街、创智工作坊等主题产品，形成清单式项目库；借助触媒激活，完成历史地段的渐进式再生。

比如，规划基于重现工人文化特色、展现"红房子"文化脉络的思路，谋划了文化展示馆和精品主题客栈两大主题产品：其中，文化展示馆引入红房子文化体验中心、文化创意展示、文化庭院等业态，积极挖掘和再生文化元素，塑造了连接历史、现代到未来的"红房子"文化脉络；精品主题客栈结合"囍"字建筑群中多个连续排列的建筑及其庭院空间，引入"红房子"特色酒店、工业风商务会议中心、邻里庭院等业态；依托这两个主题产品，通过历史生活场景的重现、文化价值和环境品质的提升，全面带动街区的土地价值，逐步吸引高素质人群和社会资本的关注。以此为触媒和引爆项目，后期进一步开展创智工作坊、文化商业街等产业激活型主题产品的打造。

通过以上主题产品和项目库，渐进式引导功能落实与项目实施，实现该区由老工业生活区向"智造城市"的功能转型和形象重塑。

图2-25　"红房子"历史建筑业态更新
资料来源：武汉市规划研究院，《青山滨江商务区核心区实施性规划》，2018年

图2-26　垂江中轴线
资料来源：武汉市规划研究院，《青山滨江商务区核心区实施性规划》，2018年

实施方案动态完善：规划设计与定向招商全程融合

历史文化类功能区在更新实施过程中往往面临着协调保护与利用、实施主体缺失、开发周期长等挑战。因此，规划通过招商前置等工作方式，形成"招商—策划—规划"全过程联动的模式，在总体设计框架下，定向邀请华侨城、香港置地等多家有历史街区改造经验的企业，由企业围绕自身项目运作优势和开发意向，编制意向方案；实施性规划选择性吸纳意向方案设想，进一步明确更新区域的潜在客群类型、经营性业态和非经营性公共设施规模，深化确定保护建筑的更新改造模式、建筑层数、历史街巷及历史树木的保护保留方案等重点内容，形成分片项目包和精准化的实施性设计方案，保障设计有效传导和落地。土地征收储备环节，按照"综合平衡""长远平衡""片区平衡"等方式制定经济平衡方案，形成若干打包供地的片区，保障历史街区保护及公共设施建设落地。

图2-27 华侨城集团实施落地的红坊设计创意中心
资料来源：华侨城集团

工业遗产如何通过保护再利用延续生命、焕发新生机，如何更好地与城市文化、都市生活有机结合，带动区域转型发展、推动城市复兴是许多城市面对的共同课题。"红房子"片区更新是一次从规划到管控、储备、招商、运营的持续性探索和实践，立足于工业遗产管理的各项条例和规定，在注重工业遗产物质文化与精神文化双重保护的前提下对空间形态、区域功能和业态组成进行了重构，通过非净地式土地规划条件等刚性管控方式对后续更新实施予以约束；并在更新机制上，通过定向招商前置、动态完善方案的方式，实现了保护工业遗产、协调历史风貌、提升区域形象、升级产业结构、改善人居环境、升值土地价值等多重目标的有序落地，再现了青山的工业文化特色。改造进行中的"红房子"，老武钢三小的废旧教学楼变成了地标建筑——红坊设计创意中心（图2-27），不仅吸引周边居民来此参观、休闲，而且已成为武汉市民新的旅游打卡点。

◠ 大归元片

　　两江交汇之处的汉阳历史悠久，是武汉三镇中最早建成的古城，是武汉的城市之根。汉阳区内有佛教名刹归元禅寺、三国时期的金戈铁马、楚天名楼晴川阁、高山流水古琴台、汉阳古树等，历史在此留下了丰厚的遗产。大归元片地处历史悠久的汉阳老城区，集中展现了武汉的文化精髓。该片规划范围以归元寺为中心，北至龟山南路，西至杨泗港铁路专用线，南至拦江路，东至滨江大道，面积约2.6平方公里。

规划概况

　　自2013年起，武汉市国土资源和规划局联合汉阳区人民政府，对该片区进行整体规划和实施。2014年归元片整体设计方案通过市规委会审查；2015年完成启动区（一期）的实施性规划编制。

　　规划按照武汉中央文化区的整体定位，以旧城疏解为前提，以历史文脉的彰显与人居品质的提升为抓手，先后开展了包括总体概念设计、启动区修建性详细规划、项目招商运营实施性规划在内的多轮规划设计。其中，在总体概念设计阶段确定了"一寺一道、一街三塔"的空间形态，强化汉阳的垂江文化主轴，后期的深化设计进一步明确了1800米城市文化中央景观带、300米宽森林城谷、47公顷低密度旧城风貌区等空间元素；在核心区深化设计中，继续围绕"一道、一街"重点打造归元大道和西大街，在传统空间尺度的基础上，设计符合汉阳特色的传统民居和合院式商业街区，形成商业、文创和归元文化相关主题的空间意向，并将旧城的历史遗存整合到整体空间脉络中去。

实施进展

　　2017年远洋集团通过挂牌方式竞得启动区地块并开始建设，根据远洋集团与汉阳区人民政府的协议框架，该项目投资总额超过300亿元，按照规划文化商业街区的模式，打造归元里片，包含17万平方米开放式低密度街区、精装修公寓、归元MAX生活空间、豪华五星酒店和超甲级写字楼。目前该项目接近后期，商业街区拟于2023年全面开业。此外，2015年开始谋划二期地块的整体规划、征收腾退。2020年，二期地块由中海集团进行整体开发，目前正处于开发建设阶段。

建设成效

　　通过规划引领的全面实施，目前归元一期、归元二期、归元西片等周边地块的开发全面铺开，以文化引导的城市更新和文化复兴战略为汉阳的复兴和崛起注入了发展动力；在更新建设同时，区域道路及基础设施建设提速，公共空间得到改善，以绣花堂、汉阳树公园为代表的历史遗迹得到保护、修缮和活化利用，文化产业和商业活力的注入，为逐渐衰落的汉阳钟家村商圈的复兴描绘了新的愿景（图2-28）。

图2-28 大归元片一期鸟瞰图
资料来源：武汉市规划研究院

大归元片：
文化复兴，开启汉阳古城的新生之路

两江交汇之处的汉阳，沿着2500年前显正街的老城脉络，逐渐展开其见证的武汉城市发展印记。大归元片位于历史悠久的汉阳老城区，有着悠久的城市历史和深厚的文化底蕴，集中展现了闻名遐迩的知音文化、古城文化和现代工业文明（图2-29）。"高山流水、古琴遇知音"的美妙传说、"汉阳造"的世界影响，均是武汉打造的城市形象的文化名片。

图2-29 大归元片历史调研
资料来源：武汉市规划研究院

随着汉阳树公园、圣母堂艺术中心（图2-30）、绣花堂等一批见证武汉城市历史和文化脉络的历史场景重新回归城市生活，以及归元寺的改造扩建与文化影响延伸，以文化引导的城市更新和文化复兴战略在汉阳的多年探索实践逐渐显现成果。大归元片通过文化价值的提炼、中央文化区的定位发展、文化产业的激活和商业活力的注入，以规划引领的全面实施建设带动汉阳开启文化引领的全面复兴。

提炼文化遗产内核，重塑城市文脉的新气象

2013年，大归元片作为武汉重点功能区启动建设，通过梳理该片区的历史遗存与现状，挖掘、提炼归元片文化遗产的内核，以规划重新定位"中央文化区"、引导片区的城市更新和文

图2-30 童真圣母修女会堂（圣母堂）
资料来源：远洋集团

化复兴，重塑城市文脉的新气象，以此为汉阳的全面复兴、在武汉三镇版图上书写新的一章拉开了序幕。

汉阳老城区传承了2000多年的城市建设史，虽然近代以来的城市建设对原有格局带来了一定程度的破坏，但仍能发掘出历史城区的空间格局和遗留元素。梳理片区及周边区域的人文资源文化遗存发现，片区内文化遗产内核丰富：有以禹稷行宫（晴川阁）、禹功矶为代表的楚汉文化；以古琴台、琴台大剧院为代表的知音文化；以凤凰山摩崖、梅子山摩崖、大别山摩崖、汉阳树为代表的辞章文化；以祢衡墓、铁门关、鲁肃墓为代表的三国文化；以西大街、显正街为代表的商贸文化；以归元寺、石榴花塔、铁佛寺为代表的宗教文化；以汉阳造创意产业园、国棉一厂片、武汉特汽片为代表的工业文化，以及黄兴铜像、红色烈士公墓、龟山碉堡为主要代表的红色文化等。规划在梳理历史遗存的基础上，提出片区文化内核包括底蕴深厚的文化古城、千古流传的知音地、近代工业的发祥地和禅宗文化的体验场（图2-31）。

由此进一步对城市空间进行挖掘和分析，通过梳理汉阳旧城区从东汉、唐代、明清至今不同历史时期的空间肌理发现，传统的旧城有着明显的东西向城市主轴线，该轴线西起归元寺，东到长江。将现状与历史地图的比对，城市现有的街巷、广场和以里坊为特色的街区布局形式依然清晰可见；已消失的重要历史点位如老城县衙、文庙、县学、贡院等典型中国古城元素，在现有的地图上作了考证和研判，作为文化遗迹，予以发掘和传承。

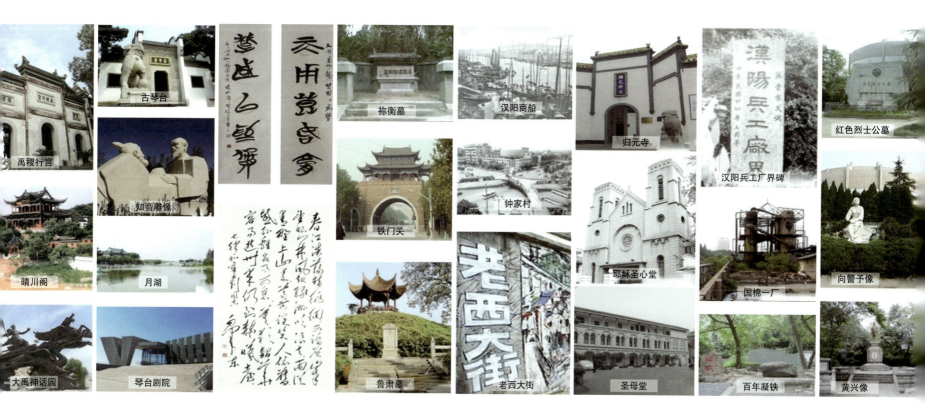

图2-31　大归元片历史文化资源
资料来源：武汉市规划研究院，《归元片旧城更新与城市设计》，2017年

对已有的历史空间体系进行梳理，结合城市更新与开发的功能和产业需求制定概念规划，提出与中央文化区相对应的文化商业街区总体空间结构，把历史街区、遗存的保护作为文化特色，以"文化复兴"战略推动更新，以创造新的空间载体和产业塑造传统和现代相融合的文化城区（图2-32~图2-34）。

2023年，以归元片为核心的汉阳老城区开始呈现出新的样貌——一批地标性历史建筑吸引年轻人前往。具有城市文脉气质的街区空间、多种主题的文化活动，让城市历史以新的方式重回人们的日常生活。

图2-32　大归元片下沉广场效果图
资料来源：远洋集团

图2-33　隈研吾设计酒店入口效果图
资料来源：远洋集团

图2-34 大归元片鸟瞰意向图
资料来源：武汉市规划研究院，《大归元片二期城市设计》，2019年

定位武汉"中央文化区"，以"文化复兴"推动古城焕新

基于大归元片的历史遗存与现状问题，深度挖掘文化遗产内核，定位为武汉的"中央文化区"，以文化复兴引导汉阳古城的城市更新。

作为规模巨大的城市更新项目，既要挖掘与再现丰富的历史沉淀，又要导入文化产业功能，激活区域发展，根据规划，该项目在建设与运营上充分尊重汉阳城市历史肌理，力求传统与现代平衡，融合四大主题业态，提供多样的文化、商业、生活、娱乐场所，与周边的文化旅游资源互补，以"文化"为内核推动汉阳古城重新焕发生机。

聚集近十个在商业设计领域有着丰富经验的机构和企业，综合考虑西大街的历史价值和商业街区经营模式，以历史和人文元素打造的武汉"远洋里"，将成为武汉新的城市目的地——以荆楚风格坡屋顶结合现代玻璃立面，51栋特色鲜明的建筑呈现出武汉"东西交融""传统与现代融合"的城市特色；百年历史建筑在修缮后得到活化与新生，圣母堂（图2-35、图2-36）、圣心堂、绣花堂将与归元寺串联起汉阳的系列地标打卡点，加上国际建筑大师隈研吾的"竹编"建筑建成落地，共同激发城市旅游的再生活力；从寺前广场到圣母堂广场，由西向东、文化与时尚的不同业态在武汉"远洋里"形成独特的文化体验；480米樱花大道、西大街头博物馆、竹林里的"轻功秘境"、阳光冷气兼得的"城市绿洲""远洋里"的空中连廊、过街天桥和地下空间共同构成了大归元片区"城市甲板"的重要步行动线枢纽，1800米"城市甲板"将直通长江边。市民在新的城市场所将一览武汉历史文化故事。

随着更新建设的推进，区域道路及基础设施建设提速，公共空间重新融入城市历史与生活之中。住在汉阳的人会发现，家周边的街道环境变了、公共设施更齐全了、交通网络四通八达，公共空间里的文化艺术装置以及各种主题活动开始丰富起来。汉阳不再是远离汉口、武昌的"偏僻之所"，新的城市地标开始吸引越来越多的人前往。

吸引文化功能聚集，一系列文化品牌项目与文化地标落地于此

在规划之初，大归元片即明确提出其应作为文化复兴的引擎和空间枢纽，聚合周边龟北、月湖等片，引领汉阳成为未来武汉的"中央文化区"，通过发挥其片区优越的地理交通区位、自然文化资源优势，以文化引领促进文化艺术等城市功能聚集于此。

随着归元片一期和二期的规划、实施、建设、运营的展开，汉阳古城的文化气象逐渐产生其更大的吸引力——一系列重要的文化设施如琴台大剧院、琴台音乐厅、张之洞与武汉博物馆、武汉美术馆（琴台馆）、融创1890、汉阳树公园、圣母堂艺术中心……逐渐勾勒出汉阳的文化地图；武汉双年展、琴台艺术节、武汉设计双年展、武汉文博会等一系列重要的文化艺术盛事也成为该区域文化聚集的助推器。

2022年底，武汉美术馆（琴台馆）开馆，首届武汉设计双年展同时开展。来自全球的285位艺术家及其团队的400余件艺术作品，包括有绘画、雕塑、影像装置艺术、新媒体艺术、艺术设计等在武汉展出。开馆两个月即超过10万观众观展，成为2023年初文化旅游的"爆款"。以文化旅游项目重新吸引关注、回归公众视野的汉阳老城区，也以全新的姿态开启其新生之路，以文化促聚集，未来的城市文化地标与城市名片项目将推动汉阳在武汉三镇的文化版图上书写新的未来。

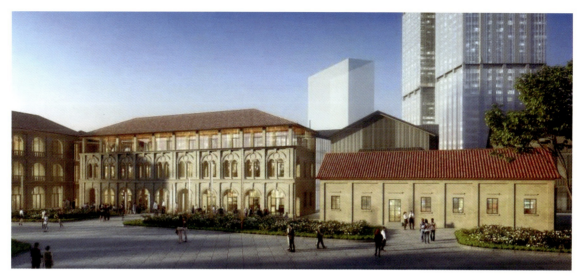

图2-35　圣母堂修复效果图
资料来源：远洋集团

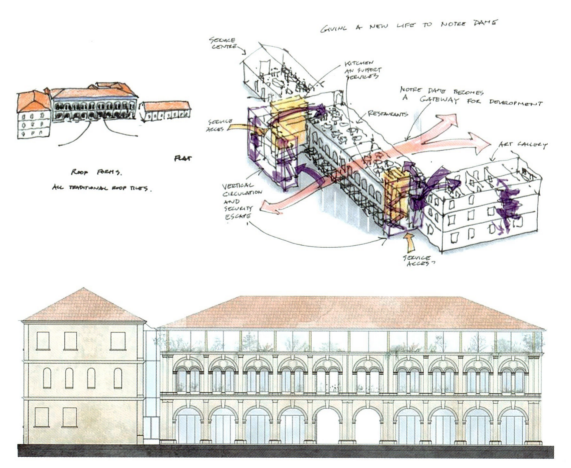

图2-36　圣母堂修复设计草图
资料来源：远洋集团

武昌滨江商务区核心区

武昌滨江商务区是2014年武汉市政府确定的重点功能区之一，也是武汉长江主轴的核心组成部分。武昌滨江商务区核心区用地面积约138公顷，为和平大道、徐东大街、武车二路、临江大道所围合的区域，拥有武汉主城区不可多得的滨江集中存量用地资源，是武汉未来积聚产业、提升城市功能的重要区域。

规划概况

2014年，武汉市自然资源保护利用中心联合法国夏邦杰设计事务所、德国欧博迈亚工程咨询公司、上海市政工程设计研究总院（简称上海市政院）等机构共同完成商务区核心区实施规划的编制工作。

武昌滨江商务区核心区规划定位为具有国际影响力的区域性总部商务首善区，建设以总部经济为龙头、以高端商务为主导、以国际金融及信息咨询产业集群为支撑的人文生态基地；规划方案在延续城市肌理和地域文化的基础上，围绕顺江文化休闲轴和垂江商务轴两条重要轴线，搭建"一核、两轴、一阳台、多节点"的商务核心区空间骨架；以多层文化地标、475米新地标塔楼及序列化的高层塔楼共同构筑可识别性的空间形态，塑造W形整体天际线；打造了3.4公里的"城市传导立体步廊"，与长江主轴城市阳台建设紧密对接，在月亮湾区域形成由生态景观、文化地标、市政设施组成的武汉新的文化标杆（图2-37）。

实施进展

经过5年的土地整理，截至2023年，武昌滨江商务区核心区已出让19宗开发用地，约占核心区总开发用地的73%，总计总建筑面积约173万平方米。武汉长江中心、龙湖滨江天街、劲牌第二总部和长江沿岸铁路公司总部等重点项目建设如火如荼。

建设成效

2021年武昌滨江商务区核心区建设全面开工。截至2023年，月亮湾城市阳台、滨江地下综合管廊、武昌生态文化长廊等设施建设基本完工。总长6公里的地下环路将于2023年底建成通车。月亮湾壹号、龙湖滨江天街、滨江小学等重要项目的建设基本完工，劲牌集团、长江沿岸铁路公司等总部型招商项目已全面开工，武汉长江中心正加快建设，商务区面貌初见雏形。

图2-37 武昌滨江商务区鸟瞰图
资料来源：武汉市自然资源保护利用中心，《武昌滨江商务核心区实施性城市设计》，2019年

武昌滨江商务区核心区：
以"大招商"机制，成武昌总部梦想

长江右岸，衔接武昌古城和青山滨江商务区的武昌滨江商务区，位于武汉中心城区滨江核心地带。其作为武汉市最早确定的重点功能区之一，以规划为引领，在武昌区"大招商"机制的推动下，吸引一批知名企业总部陆续落户，引领武昌滨江商务核心区由老工业基地向现代服务业进行产业转型，重塑城市功能和形象，助力武汉高质量发展。

规划引领，锁定主体功能招商

作为武汉市主城区内不可多得的土地存量资源，武昌滨江商务核心区规划定位为区域性总部商务首善区。所谓谋定而后动，为避免过去由于分散招商带来的功能不聚集、形象不突出等问题，武昌滨江商务核心区规划通过提出清晰的功能产业定位，为政府招商指明了方向。

在招商前的规划阶段，武汉市自然资源和规划局、武昌区人民政府（简称武昌区政府）主动谋划区域发展的规划蓝图，在武汉市建设国家中心城市的战略目标要求下，聚焦大武汉视角下的武昌责任，确定了总部经济在武昌区域产业功能版图中的核心地位，提出将武昌滨江商务核心区定位为以总部经济为龙头，以高端商务为主导，以国际金融及信息咨询产业集群为支撑，以人文生态为基底的总部商务区。编制城市设计阶段，对商务区的功能产业进行定量研究，通过市场分析、案例比较、强度控制及容量承载分析，提出武昌滨江商务核心区的商务及配套等各项建筑功能规模配比要求。通过高水平的城市设计方案对每个经营性地块制定翔实的用地功能、建筑规模及规划管控要求，为后续招商工作奠定了坚实基础。

在招商阶段，武汉市自然资源保护利用中心规划编制团队紧贴武昌区各招商责任部门，提供全过程、伴随式的规划服务。在严格落实规划功能定位和建筑功能规模配比的同时，跟进区政府招商进度，研判拟引入产业与武昌滨江商务核心区功能定位的匹配度，适时向招商部门提出规划技术建议，支撑区政府部门招大商、招优商、招好商。

市场的接受度决定了规划是否能够最终落地。在招商过程中，通过"规划与招商对接互动演进"的工作模式，针对企业提出的不同个性化的建设诉求，规划编制团队在坚守规划刚性控制要求的同时，充分与区政府招商部门及企业进行互动和协商，在综合考虑各方诉求的基础上优化、细化规划方案，统筹好整体与局部的关系，保证武昌滨江商务区核心区招商落位的同时，尽最大可能确保规划蓝图不走样。

招商后，规划编制团队持续追踪服务，为摘牌企业和审批部门当好技术参谋。"与不确定性一起工作"是规划实施运行的常态，多样的市场开发行为决定了建设项目实施的不确定性。地块出让后，规划师们在规划建筑设计方案报建、审批等环节继续提供技术支撑服务，给企业提供专业意见和合理建议。一方面严格控制事关整体城市形象、公共空间品质的建筑退距、地标建筑高度、住宅建筑高度层次和临江面宽、步行廊道及空中连廊等刚性要素；另一方面考虑企业及建筑的个性需求，实现规划方案的高质量落地实施。

以"大招商"机制，锁定产业链招商

以招商引进总部企业落户，实现老工业区向现代服务业转型的产业落位，引进龙头企业的总部落户武昌滨江商务区核心区，成为市区两级政府打造武昌滨江商务区的行动方向。

为确保招商项目的落位，武昌区将招商引资工作视作全区经济高质量发展的"一号工程"，以全区为一盘棋，创新性提出了"大招商"机制，构建了武昌区"1+8"产业规划，组建了城市更新、科技创新、文化旅游等8个不同行业主管部门负责的产业招商部。其中，武昌滨江商务区作为"城市更新"产业链落位区域之一，主要以土地出让实现重大招商项目的落户，引入高端商务、商业等现代服务业产业集群。

为保证招商进度和成果，作为招商责任主体的武昌区政府还成立了"大招商"工作领导小组，由区委、区政府主要领导担任组长，统筹指挥、协调推进全区"大招商"工作，将招商任务分解到全区各相关责任单位，并建立重点项目领导领衔包保项目机制。尤其针对武昌滨江商务区核心区的土地招商这类重大招商项目，成立专门的土地供应保障组，建立区产业部门与区土地部门对接沟通机制，坚持土地资源跟着招商项目走，结合招商项目具体需要，将地块资源与招商资源有效匹配、动态调整，实现土地项目快速挂牌、出让、开工。

为了将优质企业引入武昌区，尤其是将龙头企业吸引到武昌滨江商务区落户，武昌区坚持"请进来、走出去"的招商策略，采用线上和线下共同招商的方式，通过区领导带队到北京、上海、深圳等经济发达城市召开专场招商推介会，同时还举办武昌区重点功能区核心地块云推介等活动，介绍武昌的区域优势和武昌滨江商务区的规划蓝图，推进招商成立落地。

全周期、全要素的招商服务保障

多年来，武昌区在湖北省营商环境综合考核中一直名列前茅，政府行政体系的服务质量优、办事效率高、工作态度好，在企业中的美誉度比较高。将这样的营商传统延续到武昌滨江商务区的招商全周期过程中，为保障企业"招得来、留得住"，武昌区滨江文化商务区管理委员会紧紧围绕已经明确落户意向的龙头企业，建立招商引资项目全过程跟踪机制。

作为武昌滨江商务区核心区招商服务与企业对接的"零号员工"，武昌区滨江文化商务区管理委员会在招商全周期的主要职责，是了解企业需求、发现项目落地"最后一公里"中的瓶颈问题，并汇总到招商领导小组，根据研究意见统筹调度各相关部门依法予以解决。"零号员工"的工作内容还包括负责和武昌区行政审批局衔接，梳理企业落户过程中各类审批窗口的步骤和环节，优化代办服务流程，及时解决项目引进过程中遇到的审批、土地、规划、环保等堵点问题。

在武昌滨江商务区核心区的招商中，武昌区政府尤其强调"要素保障"的重要性，要求武昌区企业和人才服务中心积极配合解决企业高管和其他职员的住房、户口、医疗、子女教育等生活配套问题；依托武昌高校资源集聚的优势，为企业人才招聘、优才引进等方面提供便利。区政府各部门的"有呼必应"，让企业体验到无虑的优质服务、良好的营商环境，产生了在武昌滨江商务区扎根的意愿。自2019年招商工作全面展开，武汉长江中心、龙湖滨江天街、劲牌第二总部和长江沿岸铁路公司总部等具有雄厚产业运营背景的重点招商项目逐一落位武昌滨江商务区核心区。核心区正在拔节而生的超高层塔楼以及475米的武汉绿地中心地标塔楼，共同塑造着武昌滨江W形整体天际线（图2-38~图2-40）。

在企业落户后，武汉市武昌滨江文化商务区管理委员会（简称管委会）长期对接企业需求，持续问需，建立企业服务的跟踪机制，了解企业在成长过程中的个性化、阶段性需求。尤其针对武昌滨江商务区核心区已落户企业的超高层商务楼宇招商，武昌区政府、区招商局和管委会主动与招商对象形成帮扶关系，通过楼宇招商专场推介会、对接会，以及向京津冀、长三角、大湾区等重点区域派驻由处级干部带队的驻外招商团队等方式，在商务楼宇还未竣工时，将目标锁定金融、保险、贸易、互联网、科研设计、信息咨询等现代服务业相关企业，提前帮助企业进行楼宇招商，形成核心区现代服务业产业生态的聚集。

为实现武昌滨江商务区核心区的产业定位和规划目标进行有针对性的招商，武昌区还协同多方力量"全员招商"，不断拓宽招商途径。除了发动区委、区政府各部门和工作人员"全员招商"，武昌区政府还调动各种社会力量，与欧洲湖北商会、日本湖北商会、北美湖北商会等机构合作，分别设置驻外招商联络点，加强对世界各地外商的招商引资工作。利用武昌高校资源集中的优势，武昌区政府与各大高校的校友会合作举办高校系列专场招商推介活动，吸引国内外知名校友企业家来武昌的滨江区域投资，共同成就武昌滨江商务区核心区"总部商务首善区"梦想，共书大成武昌的美好未来。

图2-38　武昌滨江天际线效果图

资料来源：武汉市自然资源保护利用中心，《武昌滨江商务核心区实施性城市设计》，2019年

图例
总部办公
居住生活
商业服务
中小学
文化建筑
城市连廊

图2-39 城市功能配比示意图
资料来源：武汉市自然资源保护利用中心，《武昌滨江商务核心区实施性城市设计》，2019年

图2-40 中央公园规划效果图
资料来源：武汉市自然资源保护利用中心，《武昌滨江商务核心区实施性城市设计》，2019年

汉正街中央服务区

汉正街中央服务区位于武汉市长江、汉江交汇处，为长江主轴的核心区域，隶属于硚口区、江汉区。汉正街中央服务区核心区规划范围东起前进一路、民权路，南抵沿河大道，西至武胜路，北临京汉大道，总用地面积3.46平方公里，区位条件独特，生态条件优越，其实施对建设国家中心城市、打造"两江四岸"核心功能区、实施城市更新改造、促进产业升级转型意义重大。

规划概况

汉正街地区自明清时的"天下第一街"，到改革开放时期小商品市场经济的"风向标"，一直是全国知名的商贸重镇之一，随着水运的衰退以及现代化商业模式的冲击而逐渐衰落。2011年以来，武汉市委、市政府着手全面推进汉正街地区综合改造和整体搬迁工作，2012年3月，市政府总体部署成立了武汉市汉正街中央服务区开发建设领导小组办公室［简称汉正街办，现已撤销并入武汉市人民政府重点工程督查协调办公室（简称市重点办）］。2014年7月，汉正街中央服务区被纳为全市7个重点功能区之一。2019年9月，市政府办公厅印发了《汉正街复兴总体设计方案》，强调深入贯彻落实习近平总书记视察湖北重要讲话精神，大力弘扬汉正街人"敢为天下先"的创业精神，推动汉正街加快全面复兴。

2013年，武汉市国土资源和规划局联合原汉正街办，以武汉市规划研究院为技术统筹，邀请美国SOM建筑设计事务所、戴德梁行、上海市政院等国内外知名设计机构完成《汉正街中央服务区核心区实施规划》，并经市规委会审议通过；在此基础上编制了综合交通、市政基础设施、历史文化保护等专项规划，并面向全球进行了地下空间规划方案、汉正街老街改造方案、中央绿轴及"汉正阳台"建设方案等国际征集工作，形成较为全面且面向实施的规划体系（图2-41）。

汉正街地区规划定位为汉正街中央服务区核心区，明确了"双T"发展战略（Trading商贸·金融，Tourism旅游·文化），重点发展商贸、金融、旅游、文化等产业，建成国际性商贸与金融中心、中部地区商务服务核心。核心区城市设计方案规划布局"人"字形绿轴，南北向贯穿核心区直达两江交汇处，北接中山公园，南望南

图2-41 复星云尚·武汉国际时尚中心实景
资料来源：上海复星集团

岸嘴，延续了历届武汉城市总体规划的城市中轴线，在城市核心地段通过布局大型连续开敞绿化空间重构两江交汇处的空间联系，重塑滨水地标区。规划提出"一轴一带三区"的总体规划结构。

实施进展

截至2022年，已出让地块6宗，约34公顷土地，拆除约121.9万平方米老旧建筑；已建及在建建筑面积约260万平方米，主要集中在沿汉江、沿规划绿轴等区域，其中商业办公建筑面积约202万平方米，实现率约37%；目前"人"字形中央绿轴临中山大道部分以及南端"汉正阳台"节点用地已基本完成拆迁，"汉正阳台"节点规划方案已通过市规委会审议，拟于近期启动建设。

建设成效

近年来，汉正街地区成功吸引了香港恒隆、香港嘉里、上海复星及上海绿地等集团，一系列的商贸、办公楼宇项目纷纷按规划落位。其中恒隆片、银丰片（云尚武汉时尚中心）已建成，沿江一号二期（绿地汉正中心）、汉正街东片（复星外滩中心）、天街片一期（嘉里一期）正在建设中。这些启动片区以商业、办公、酒店功能为主，规划建设规模共计约254万平方米，其中位于汉正街东片的超400米地标塔楼方案已通过审查。目前，以恒隆广场、武商集团为核心的零售商圈，以云尚武汉国际时尚中心为核心的服装贸易商圈已基本形成，将带动数千亿元的间接投资和百亿元以上的税收。

汉正街中央服务区：
精准招商，促"天下第一街"华丽转身

汉口因水而生，因商而盛。过去的数百年，"汉口之根"汉正街，因地理优势云集四方商客，成为发达的港口和商贸集散地，享有"天下第一街"的美誉。在今天，汉正街中央服务区以精准招商吸引了高质量企业落户，吸纳了他们的产业运营经验，引领汉正街的产业从传统商贸向现代贸易和服务业转型，延续商根和文脉，实现"汉口之根、武汉之心、世界之窗"的目标定位（图2-42）。

编制高质量规划，以产业策划吸引头部企业落位

明成化年间，长江最大的支流汉水发生了一次历史上重大的改造：经龟山北麓汇入长江，形成一条稳定的入江主河道。随后，与汉阳隔汉水相望的一片芦荻遍地的沙洲，在土地渐涸后形成了一块地势平坦开阔、水域条件良好的陆地。居"汉水入江之口"——汉口的出现，促使武汉形成了如今"三镇鼎立"的独特城市格局以及两江交汇的标志性景观。

在随后的数百年间，占水道之便、擅舟楫之利的汉口，以无可比拟的"九省通衢"地理优势，"上通巴蜀，下达吴会，南经洞庭入湘沅至云贵两广，西经汉水入陕西"，成为全国最重要的交通物流枢纽之一，成就了明清时期名满天下的商贸重镇——汉口。

图2-42 汉正街中央服务区建设效果图
资料来源：武汉市规划研究院、SOM建筑设计事务所，《汉正街中央服务区核心区实施性规划》，2013年

从初生到开埠前的四百余年间，汉口的生长作为大自然与人类生产生活相结合的产物，沿着三条随汉江弯曲的主要街道，和与之形成纵横交错格局的大街小巷自由生发着。其中一条"二十里长街"，因汉口巡检司在康熙年间落户，而得名"正街"——汉口之正街，就此成为这片区域共同的名字。

汉正街，因自然而聚拢人，因人而形成产业。至清代中期，汉口已经成为长江中游一座拥有发达交通运输业、商业、金融业的贸易中心。商人的聚集、物资的集散、繁忙的商贸活动让汉口的人口迅速增加，城市不断扩大。"十里帆樯依市立，万家灯火彻夜明"，清代诗人在诗句里这样形容"天下四聚"之一的汉口。作为"汉口之根"的汉正街，在数百年间承载着汉口在中国城市史上的荣光，容纳着随商贸的聚集带来的天南地北的生活，写就了武汉独一无二的城市故事。人们常说，只有了解一座城市的历史，才能看清城市的去处。以规划为引领，为城市谋划未来，早在1954年武汉市编制的第一轮城市总体规划中，最大的亮点就是一条起自中山公园，穿过"汉口之根"汉正街，延伸到两江交汇处南岸嘴直至首义广场、洪山广场的城市轴线——这座城市独特的自然景观、悠久厚重的商贸底蕴和优越的地理条件，被串联在这条城市空间和景观主轴上（图2-43）。

图2-43 城市中轴线示意图
资料来源：武汉市规划研究院、SOM建筑设计事务所，《汉正街中央服务区核心区实施性规划》，2013年

弹指一挥七十载，停留在第一轮城市总体规划蓝图上的这条轴线，以"人"字形绿轴的样态，沿着几乎同样的线路，即将出现在汉正街中央服务区。在汉正街长大的表演艺术家何祚欢，称这条绿轴串起了汉口的"三生"——生意、生活和生态（图2-44）。

在数百年自由生长的过程中，这"三生"紧密联系，将"商贸"二字写进了汉正街的基因。在为汉正街中央服务区编制实施性规划的过程中，承担产业策划专项的戴德梁行，结合汉正街区域的传统产业优势和商贸底蕴，以及小商品批发业态在新时代遇到的困境和瓶颈，为汉正街中央服务区进行了转型升级谋划。

戴德梁行提出"双T"发展战略。其中一个"T"代表Trading，即商贸和金融；另一个"T"代表Tourism，即旅游和文化。以这四个重点发展的产业为核，汉正街中央服务区将建成国际性商贸与金融中心、中部地区商务服务核心。以商贸、金融延续区域商贸基因，以旅游、文化展示独特的城市人文历史，放大"汉正街"数百年历史累积的品牌效应，汉正街中央服务区实施性规划为这个区域谋划的未来，将在"双T"发展战略的引领下，从传统商贸向现代服务业转变，重塑城市的功能和形象，提升产业形态和能级（图2-45）。

为了让产业升级以更高效率快速实施，引进有实体产业运营经验的企业，依靠他们成熟的产业

图2-44 汉正街中央服务区人字形绿轴空间形态示意图
资料来源：武汉市规划研究院、SOM建筑设计事务所，《汉正街中央服务区核心区实施性规划》，2013年

图2-45 汉正街中央服务区鸟瞰图
资料来源：武汉市规划研究院、SOM建筑设计事务所，《汉正街中央服务区核心区实施性规划》，2013年

运营经验，既能保住汉正街的"商根"，又能带领汉正街现有的产业快速提档升级。因此汉正街中央服务区的招商目标，精准锁定在香港、上海等地的知名头部企业。

强调区位特色，依托自然生态优势和商贸底蕴吸引招商

城市内环的核心、两江交汇的独特地理格局，是汉正街中央服务区独一无二的景观资源（图2-46）。对这片天然形成、在数百年间繁茂成长的良港和商埠，美国历史学家罗威廉在他的著作《汉口：一个中国城市的商业和社会（1796—1889）》中写道，汉口存在的理由就是贸易。他书中的汉口，即是今天"汉正街"所涵盖的区域。和上海、香港、广州一样，在当时汉口也是英国重要的对外贸易市场。

在今天，以独特的地理区位优势和独有的城市史，讲好城市故事，已经成为提升城市吸引力、招商引资的"利器"之一。汉正街办组织资深历史、城市史、建筑史、经济史专家团队，从《汉正街500年：辉煌与特色》《从汉正街到大汉口：城市格局·街巷空间·建筑空间》《口碑相传：流动的历史》三个专题，梳理汉正街历史源流，向全国、甚至全世界全方位展示汉正街500年发展过程中积淀的多元文化，让人们了解汉正街，吸引更多对深厚城市历史底蕴有兴趣的企业，共同书写汉正街不断向前迈进的历史。

图2-46　汉正街中央服务区滨水天际线
资料来源：武汉市规划研究院、SOM建筑设计事务所，《汉正街中央服务区核心区实施性规划》，2013年

落户汉正街中央服务区的企业有香港恒隆、香港嘉里、上海复星及上海绿地等集团，主要来自香港和上海。与汉口一样，这两座城市均在近代史上先后开埠、成为国际通商口岸。类似的通江达海的地理条件、相似的城市发展历程，让这几座城市之间本身就拥有情感的关联，也让这些落户企业，看到了将已经成功的产业运营经验复制到汉正街中央服务区，以此引导汉正街实现产业提档升级的可能。

从2013年起，这些陆续落户汉正街中央服务区的头部企业，以重资产投资汉正街片区，引入既契合区域产业升级诉求，又与企业自身发展方向和规划相匹配的项目。例如，汉正街中央服务区的标志性建筑——双子塔BFC复星外滩中心（图2-47），就是上海复星集团看好汉正街独有的区位和历史优势，将上海豫园片BFC复星外滩中心的布局经验复制而来，这是该集团在长江沿岸打造的第二座BFC。此外，上海复星集团在2019年投入使用的云尚·武汉国际时尚中心内，除了设置原创服装采批中心，还在四栋塔楼布局了甲级写字楼、LOFT办公、品牌展示中心和网红直播中心等功能，引入服装贸易及相关直播上下游企业700余家，通过聚集服装研产销一体化经济，推动汉正街从服装市场向现代商务转型。由香港知名城市综合体运营商恒隆地产投资的武汉恒隆广场（图2-48），是恒隆地产在华中地区布局的首个大型商业综合体项目。2021年正式开业后，恒隆广场依靠多年的运营经验和高端品牌资源，引入顶级国际品牌重塑区域消费格局。开业不到一年，武汉恒隆广场租户销售额已接近10亿元，释放了巨大的商业活力，提升了区域的消费能级。

图2-47　双子塔BFC复星外滩中心建设效果图
资料来源：上海复星集团、武汉市自然资源和规划局

图2-48　武汉恒隆广场建设效果图
资料来源：武汉市自然资源和规划局

市区分工合作，完善招商维护

高水平的规划、独特的两江交汇格局、悠久的商贸历史，是汉正街中央服务区高质量招商中难以复制的优势资源。如何将招商成果有效转化，让来自香港、上海等城市的头部企业引导区域产业的转型和升级，实现"汉正街"品牌价值的提升？这其中，各级政府的分工合作在汉正街中央服务区的招商和企业后续服务中尤为重要。

汉正街中央服务区的招商工作自启动以来就受到武汉市委、市政府的高度重视，在2012年就组建了由市重点办直接领导的汉正街办，负责研究制定汉正街地区搬迁改造及汉江两岸综合开发总体规划、土地政策、重大招商政策，协调解决汉正街整体搬迁及汉江两岸综合开发工作中的重大事项和突出问题。武汉市委、市政府要求市直各部门按照职责分工，密切配合，创新服务方式，按照"特事特办、急事急办、简化手续、提高效率"的原则，为汉正街中央服务区的开发建设项目审批开辟绿色通道。在汉正街办被撤销后，武汉市建立了重点产业招商项目推进工作机制，按照"一链一专班"、市区联动、部门协作的形式，组建不同的产业招商专班，全流程对接汉正街中央服务区的项目引进洽谈、布局选址、政策支持等工作。

按照全市统一部署，各级政府作为招商工作的责任主体，由"一把手"挂帅，围绕主导产业招商，推进招商进度。在办理相关手续的过程中，江汉区政府、街道及相关职能部门积极协助企业协调市职能部门，解决汉正街中央服务区的拆迁、灭籍、规划及核价方面的手续，确保企业能如期获得相关行政许可手续，推进项目实施。

在日常工作中，相关部门和企业也建立了常态化联络机制，实时沟通汉正街中央服务区招商工作的项目运行情况和支持需求。在遇到上位政策调整时，市重点办、市规划局主要领导主动下沉到意向项目和企业，靠前指挥，会同属地区政府合力协作，为项目如期交付保驾护航。

在市区合力协同下，恒隆广场、云尚·武汉国际时尚中心、绿地汉正中心、BFC复星外滩中心、武汉嘉里中心等一系列高质量招商项目，陆续落位汉正街中央服务区，带领汉正街区域从传统商贸街区向现代商贸和金融中心、文旅中心稳步转型。市区政府和企业主体正在通过协同合作，携手以高质量的产业转型实现"商贸之根"汉正街的复兴，推进城市的高质量发展。

东湖新城（杨春湖高铁商务区）

东湖新城（杨春湖高铁商务区）位于武汉市主城的东北门户，依托武汉站，东临武钢工业区，北望青山区，西接武昌，南临东湖，是《武汉市国土空间总体规划（报审版）》确定的依托武汉站建设的枢纽型城市副中心，也是与东湖绿心联动的城市重点功能区。

规划概况

2017年，武汉市第十三次党代会提出"城轴心"战略，东湖新城成为长江主轴与东湖绿心的联动区域。武汉市自然资源和规划局联合洪山区人民政府，组织编制了《杨春湖高铁商务区城市设计》，规划重点强调商务区同周边城区的系统衔接，并在功能、景观、交通等方面加强同东湖的联动发展。规划基于枢纽功能带来的创新要素以及东湖品牌对创新人才的吸引，总体定位为华中、武汉新经济的门户，突出以新经济为引领的创新之门、与区域要素汇集的高铁之门和与东湖绿心联动的大湖之门的特色形象，打造为践行新发展理念、触发新经济动能、宜居宜业的城市样板（图2-49）。

实施进展

截至目前，东湖新城核心区累计出让计容建筑面积约260万平方米，累计出让金额约197亿元，其中商业办公及配套建筑面积占比达63%。东湖新城累计引入战略投资达425亿元左右，其中在建的重大项目包括华侨城·欢乐天际、前霖、东湖金茂府地块，建成后将打造成为展现武汉站门户形象的"高铁之门"。

建设成效

生态环境方面，北洋桥垃圾填埋场生态修复工程已完成并覆绿；3.3公里沙湖港、4.6公里东湖港已完成水体治理，两港海绵公园建设已初具规模；临东湖滨湖绿道及岸线已整治完成并向公众开放。

基础设施方面，伴随着东湖新城核心区综合管廊建设，中高压线于2023年3月入地，核心区道路正结合供地分批实施建设。

民生保障方面，片区按规划已建成大型体育设施两座、智能化社区足球公园一座，在建三甲医院一座，为武汉市中心医院杨春湖院区，目前该项目已封顶；建成小学一座，为武汉小学华侨城分校，已于2023年9月开学。

图2-49 东湖新城（杨春湖高铁商务区）鸟瞰图
资料来源：武汉市规划研究院、善启设计咨询（上海）有限公司.《杨春湖高铁商务区城市设计》. 2018年

东湖新城：
践行TOD理念，赋能商务区建设招商

2017年6月，市规划局联合洪山区政府，结合武汉高铁枢纽、社会效益彰显的东湖绿道以及军运会等发展契机，启动东湖新城规划编制工作（图2-50、图2-51）。

东湖新城从2017年规划伊始就抢抓新机遇，按下"快进键"。六年间，东湖新城一直思索如何将TOD深度融入武汉的城市发展，并迈上与城市发展共生共荣的有效路径。

商务区建设，探索公共交通为导向的TOD模式

东湖新城是典型的真正以公共交通为导向的TOD模式开发建设的功能区。这里拥有高铁枢纽武汉站，是标准的枢纽TOD商务区；规划有七条地铁交汇。高铁提速到时速350公里后，武汉与北京之间的出行时间又缩短了半小时，这对全国布局的总部企业节约商务时间成本意义重大。

TOD理念最大的优势在于复合功能业态和发达的公共交通，而不是单一地提升区域的服务功能。

图2-50　东湖新城核心区夜景鸟瞰效果图
资料来源：武汉市规划研究院、善启设计咨询（上海）有限公司，《杨春湖高铁商务区城市设计》，2018年

图2-51　东湖新城（杨春湖高铁商务区），城市设计总平面图

资料来源：武汉市规划研究院、善启设计咨询（上海）有限公司，《杨春湖高铁商务区城市设计》，2018年

在这点上，东湖新城体现了政府"一盘棋"考虑的城市经营思想。比如东湖新城的商住比接近五比五，这既给投资者入驻设置了很高的门槛，同时也主动选择会带来产业资源的投资者入驻，以强化产业功能导入，完善城市服务职能（图2-52）。

东湖新城紧紧围绕其功能定位，高起点、高标准规划建设华侨城·欢乐天际、前海人寿B地块、湖北西藏大厦等城市综合体。总建筑面积约60万平方米的华侨城·欢乐天际城市综合体（图2-53），包括高端商务办公、体验型街区商业、星级酒店、共享办公等功能。其核心商务平台天际中心高约274米，建成后将是武汉的城市新名片。

2023年4月，15栋甲级写字楼正在密集落户，核心区建成及在建的城市综合体有8座，总投资约425亿元，总建筑面积约401万平方米。前海人寿（图2-54）A4塔楼等三座甲级写字楼已封顶，舜安大厦和邻湖一方已建成投入运营。

TOD理念之下，商务区生态修复持续推进。

坐拥东湖和杨春湖两大湖景资源，东湖新城被北洋桥中央生态公园、杨春湖公园和两港海绵示范公园三大城市公园环绕。

位于武汉火车站核心区东湖之滨的北洋桥中央生态公园占地面积约26万平方米，对于老武汉人来说，这里曾是令人避之不及的垃圾填埋场。为使"生态城市主义"概念在此得以实践，2017年，北洋桥垃圾填埋场开始生态修复工作，通过生态修复、新科技环保手段改造并创造公园新景观，实现"垃圾变黄金"。如今，北洋桥垃圾填埋场生态修复工程已覆绿，这座559亩（约合37.3公顷）的

图2-52 东湖新城启动区鸟瞰效果图
资料来源：武汉市规划研究院、善启设计咨询（上海）有限公司，《杨春湖高铁商务区城市设计》，2018年

图2-53 华侨城·欢乐天际城市综合体效果图
资料来源：武汉华侨城都市发展有限公司

图2-54 前海人寿项目鸟瞰效果图
资料来源：武汉前霖实业有限公司

武汉生态文明建设再写新篇

北洋桥垃圾场生态修复工程即将主体完工

关闭了5年的北洋桥生活垃圾简易填埋场迎来华丽变身，经过改造，将蜕变为一座高标准城市生态公园，成为杨春湖商务区乃至东湖城市绿廊、长江上的绿色核心。这一蜕变，将显著改善城市环境，提升居民生活质量。

目前，北洋桥生活垃圾简易填埋场生态修复工程和北洋桥中央生态公园项目进展顺利。其中，生态修复项目预计今年10月主体工程完工，公园项目预计2019年4月一期工程完工。两项目可按计划顺利完工以迎接军运会的召开。

保护大东湖水系 提升城市形象

北洋桥生活垃圾简易填埋场位于洪山区和平乡白马洲村及北洋桥辖区内，南侧紧邻欢乐大道，距小潭湖最近处不足百米，东侧距离杨春湖商务区约200~300米，与武汉火车站距离约600~700米。

北洋桥垃圾场建于1989年启用，2013年6月关闭，总占地559亩，原设计填埋规模为400吨/日，主要服务于青山区。随着城市发展，其服务范围扩大至青山区和武昌区、洪山区的部分区域。由于建成不久比较久远，该垃圾场的建设标准和设施配套水平较低，存在一定的安全与环境污染隐患，对附近团结及周边水系的生态安全具有一定威胁。

根据武汉市人民政府指示精神，2015年下半年起，市城管委与市环投集团多次与市国土规划局、市土地整理储备中心及洪山区政府等单位商议，结合杨春湖规划的时间要求、参考金口垃圾场的成功案例，拟定了以好氧修复技术为主的原位治理方案。通过对实施北洋桥垃圾场生态修复工程，可妥善治理原生活垃圾，有效控制垃圾填埋场对周边环境的污染，改善区域环境，保护大东湖水系，提升城市形象。

武汉市人民政府高度重视北洋桥垃圾场生态修复项目，2016年5月10日，市政府组织召开专题研究会，明确以原位治理工艺进行

图2-55 北洋桥中央生态公园媒体宣传报道
资料来源：《长江日报》，2018年

北洋桥中央生态公园 打造高标准环保改造公园典范

图2-56 两港海绵示范公园建设实景图
资料来源：王玮 摄

垃圾填埋场，正变身为一座生态公园（图2-55）。

3.3公里沙湖港、4.6公里东湖港已完成水体治理，北洋桥公园附近的两港海绵示范公园建设已初具规模，公园建设有贯穿南北、连接沙湖港和东湖港的两港海绵水廊带（图2-56）。

打通生态绿廊，链接生态水网，串珠绿色斑块，"点、线、面"复合绿地生态系统逐步形成，东湖新城"景城一体"的生态格局逐步实现。

东湖新城TOD开发实践绝不是停留在概念层面的开发模式，而是通过多专业融合、多资源整合，为提升城市建设质量与市民生活幸福感的复合命题提供解答。

产业链招商，精准提升招商效率和品质

2018年，东湖新城组建高铁商务区开发建设指挥部工作专班，全面推进开发建设的同时，抓住交通便利的区位优势、武汉站高铁的交通集散及信息汇聚优势、东湖的生态优势、背靠洪山大学之城的人才优势，构建双创孵化、总部经济、休闲旅游等九大产业门类（图2-57、图2-58）。

在招商策略上，东湖新城推动产业链招商，同时紧盯区域短板，建立市区联动机制，提升东湖新城的站位，加快商务区的开发建设力度。同时打造招商专家库，为精准招商提供专业的理论支撑，运用市场化招商机制以商招商，重点招引见效快、引流效果强、辐射范围广的商业项目。

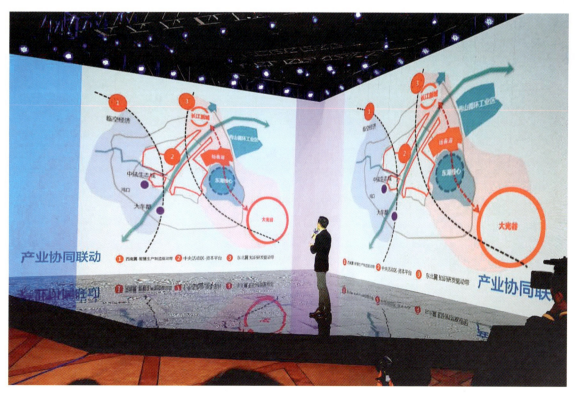

图2-57　东湖新城高铁商务区招商推介会

资料来源：王玮　摄

图2-58 东湖新城启动区建设实景鸟瞰
资料来源：王玮 摄

全国范围内，东湖新城可快速集聚国内主要经济区的资本、市场、人才等创新产业要素；全市范围内，东湖新城向北可连接长江新区，向东可承接武钢、化工新区产业转型升级项目。东湖新城是武汉市集中成片开发体量最大的片区，较大的拓展空间和集中成片开发的优势，也让东湖新城发展后劲十足。

东湖新城具有3000亩（合200公顷）集中连片可供开发的土地，为高质量发展提供了广阔的空间。目前，紧邻武钢的拓展区正在开展城市设计方案国际征集，调整出的工业用地将引进智能机器人、智慧物联等国内顶尖的人工智能项目。

目前正在洽谈的澳康达国际名车文化产业综合体项目，兼容汽车文化博览、名车展销、汽车主题商业、休闲旅游、产业办公、综合服务等功能，计划总投资30亿元，运营成熟后预计年营业收入超100亿元。

商务区招商，多管齐下探索未来空间

东湖新城抢抓节庆活动契机，着重对IP进行打造和擦亮，强化记忆点，打响区域影响力，拓宽招商渠道。

2023年4月16日，2023武汉马拉松顺利举行，"汉马"赛道最后落点就在东湖新城。武钢云谷·606项目首发区已于2023年6月开园运营，项目拥有54年建厂历史，把原有老旧厂房改造为科创和文创的创新园区，是一个典型的城市更新样本，这里也被列为2023年武汉设计日暨第七届武汉设计双年展主会场首选地。

东湖新城正通过媒体宣传、活动举办，积极谋划，抓住"汉马"、城市论坛等契机，希望能延续性开展"汉马"后品牌宣传、湖北省及武汉1+8城市圈等城市更新论坛，立足于高铁商务区的优势，加上多家知名企业组成的空间载体，东湖新城将打造成为专业性强、产业更集聚的高铁商务区。

此外，东湖新城商务区指挥部通过联动各种协会、商会，通过座谈会、推介会等多种形式，共同推介东湖新城，强化武汉中心城市功能，提升片区的集聚功能和辐射能力，提高城市竞争力。

东湖新城拟推动中国高铁经济联合会的成立，积极与国内重点高铁商务区进行联动和交流，持续发起高铁经济研讨会、高铁经济论坛等活动，共谋高铁经济背景下的城市经济发展大计。

在武汉这座飞速发展的城市中，我们相信TOD能为城市探索一条更高效而有远见的"非凡发展之路"。如今，东湖新城TOD的落地已初见成效，除了能顺势承接先进生产要素外溢，高端要素集聚的产业生态圈正一步步构建。总部经济正抢滩落地，创新项目正加速集聚，新经济高地崛起正当时。日渐成熟的TOD项目，是为这座城市埋下的"未来种子"，阳光雨露下生根发芽，枝繁叶茂指日可期。

四新会展商务区

四新会展商务区位于长江之滨的四新地区，主要包括国际博览中心及周边区域，西至连通港路、国博大道，东至滨江大道，北至杨泗港快速通道、会展二街，南至四新南路、会展三街，总用地面积约282.12公顷。四新会展商务区的建设能够有效提升武汉市会展商务职能，加快汉阳四新地区城市功能和品质提升，推动四新城市副中心的全面形成，对于贯彻落实建设国家中心城市战略目标、展示武汉市"两江四岸"城市形象也有着重要的战略意义。

规划概况

四新地区规划经过不断深化完善，已形成了框架完整、层次清晰的规划体系。2005年，武汉市规划研究院、荷兰高柏伙伴（Kuiper Compagnons）合作完成《四新中心区概念规划及核心区城市设计》，明确四新地区"生产性服务新功能和生态居住新城"的功能定位和规划结构；2006年，市规划院、英国阿特金斯（Atkins）合作完成《武汉国际博览中心概念规划及启动区城市设计》《武汉国际博览中心规划深化研究》，明确武汉国际博览中心（简称国博中心）功能定位、主场馆建设规模和规划方案。其后，四新会展商务区用地控制性详细规划、规划咨询、功能深化研究等相关规划编制陆续开展，保障了区域建设有序推进。

四新会展商务区将以打造华中地区会展中心为目标，建设为集会展、科技、文化、商务、休闲、旅游、居住于一体的多功能复合型国际博览城。规划整体形成"一心、一轴、一带、四片"的空间结构。以武汉国际博览中心为核心，依托四新大道城市景观轴集中布局公服功能，强化"城市之脊"城市意象；围绕武汉国际博览中心构建滨江形象展示带，并布局会展博览、国际会展商务核心区、休闲文娱区、商业服务配套区等四大功能区（图2-59）。

图2-59　四新会展商务区实景鸟瞰
资料来源：武汉新城国际博览中心有限公司

实施进展

2006年5月，武汉市政府批准成立武汉新城国际博览中心有限公司（简称新城国博公司）。新城国博作为武汉国际博览中心建设的项目法人，负责项目融资、投资、建设和经营管理。项目打包总用地面积为4.17平方公里，其中四新会展商务区为其核心区。2007年12月，新城国博公司通过市场方式取得了国博中心项目土地，共分为A、B、C、D、E五大片区。其中划拨土地为政府回购的公益类项目，包括国博中心展馆、武汉国际会议中心、配套景观水系和滨江广场等；经营类土地为企业自主投资经营类项目，包括洲际酒店、国博汉厅、环球（文化）中心、智慧大厦及房地产开发项目。目前公益类项目已基本建成投入使用，经营类项目中大部分用地也基本完成建设，剩余经营类项目用地包括核心区的A6-A11地块在内共计11宗，建筑面积276.68万平方米，其中住宅面积约109.52万平方米，商办面积约156.56万平方米，其他配套10.6万平方米。

建设成效

历经18年建设实施，截至2023年，四新会展商务区的展览、会议、酒店等核心功能已基本形成，区域内连通水系、公园绿地、主次支路及市政基础设施均已建成，中小学大部分已建成，两条轨道交通线路已通车，建设多功能复合型国际博览城的规划愿景即将实现。

四新片区：
会展逐新，探索重点功能区发展新路径

从鱼塘和荒地，再到蓬勃新区，时光流淌，雕刻出四新崭新的城市肌理。长江之滨的四新，20年前开始打造四新会展商务区，四新命运从此被改写。

2005年起，市规划院先后和荷兰高柏伙伴、英国阿特金斯等国际知名设计机构合作，陆续完成了四新地区的功能定位和规划结构、商务区的功能定位以及主场馆的规划方案，为四新片区制定了迈向世界一流会展城的行动纲领，树立了以公共领域驱动的创新城市治理典范（图2-60）。

建设焕新，会展硬件配套初步完成

四新会展商务区从开发伊始，就承载着"三镇均衡发展"的历史期待。新城国博公司和武汉新区建设开发投资有限公司从成立之初便承担了四新片区的土地开发及配套基础设施建设任务。

现今，四新会展商务区蓬勃的发展势态离不开项目之初"会展配套先行"的果敢决断。项目打破了"先建房后配套"的常规操作，即使在先期资金紧缺的前提下，依然坚定开启会展配套的建设。随

图2-60 四新会展商务区总平面图
资料来源：武汉市自然资源和规划局、武汉市规划研究院，《武汉国际会展商务区规划深化》，2014年

着国博中心、汉厅等大型公建的相继落成，既保证了基础设施先行，又落实了政府赋予片区的会展这个重大职能。

会展业是现代服务业的先导性产业，被誉为"走向世界的窗口"，具有汇聚人流、物流、资金流、技术流的功能，是构建现代产业体系和开放型经济的重要平台。

作为辛亥百年献礼之作，四新会展商务区于2011年10月建成国博中心展馆项目，2013年9月建成武汉国际会议中心项目。两大会展场馆的落地，奠定了汉阳作为湖北省会展龙头的地位，其溢出效益逐年增多，规模不断攀升，产业聚集效应日趋扩大，会展带动效应明显。

2016年3月，洲际酒店投入使用；2021年12月，总投资7.5亿元的国博汉厅项目建成投用……随着一系列项目的落地，新城国博按照武汉市政府、武汉城投集团项目建设要求完成了会展商务区公共基础设施项目的投资建设工作。

为进一步提升国博会展区域配套服务功能，新城国博公司于2020年加快了剩余经营性用地开发建设进度，建成后将有效为国博中心会展提供更完善服务配套。

目前，四新会展商务区已实现净展览面积15万平方米（不含室外展览面积4万平方米），跻身华中地区最大的会展中心。另外，场馆预留区、环球中心、绿地财富中心高层写字楼及卓越大江写字楼建设在持续推进中，不仅提升国际国内高端会展承接能力，而且进一步丰富会展硬件配套设施，提高客商参展便利性（图2-61）。

图2-61 四新会展商务区效果示意图
资料来源：武汉市自然资源和规划局、武汉市规划研究院，《武汉国际会展商务区规划深化》，2014年

在交通方面，四新会展商务区打造华中首条水景公园路——四新大道，实施绿化景观明渠，建设江城大道和四新大道"黄金十字轴"，同享"一橹摇六湖，徜徉云梦中"的水网分布。

如今，四新会展商务区的核心功能已基本形成，商务区内，连通水系、主次支路及市政基础设施均已建成，多片公园绿地、两条轨道交通线路已通车，交通配套日臻完善，为片区发展铺就繁华通路。

做强会展IP，锚定"专业展+精品展"目标前进

作为武汉会展业发展的"领头雁"，国博中心自2011年10月首展至今，实现了"月月有展会、周周有活动"的阶段性目标，对拉动区域经济、宣传城市形象、提高城市国际化和知名度起到了积极作用。

纵观华中地区乃至全国，会展业竞争十分激烈，国博中心面临"前有强敌，后有追兵"的局面。为了让会展博览成为四新和汉阳的名片，要借会展搭台唱戏，积极寻求会展融合发展之路，打造影响力大、号召力强的拳头产品，形成独具特色的区域名片（图2-62、图2-63）。

2023年，《武汉市汉阳区人民政府工作报告》提出，打造一流国博会展数字文创区，加快国博功能配套项目建设，形成"会展+数字文创"发展高地。

在推动消费供给升级中，四新会展商务区建设云上会展平台，助力会展行业拓展数字化新增长空间，帮助更多企业降成本、提效率、拓市场。

商务区着力促进线上线下融合新模式，探索发展"互联网＋会展服务"消费模式。通过增量商务功能供给和存量商务功能促进，共同激发武汉会展功能发挥，增强武汉对华中区域乃至全国的会展服务能力。

在招商引资工作中，四新会展商务区一直坚持围绕主导产业招引"含金量"高的项目，同时营造良好的营商环境，提供服务保障跟踪服务。

"主动招商"，充分发挥会展主办方的影响力，通过"走出去，请进来"的方式，将招商推介常态化，与不同产业实现双向互动；"联动招商"，市区联动制定会展产业链导入、人才引进的相关政策，建立"会展搭台、企业唱戏、街道落地"的招商模式；"借力招商"，关注招商热点，借势而上，打造武汉国际机床展览会、世界大健康博览会等行业展会，形成浓厚的招商氛围，跑出招商"加速度"。

下一步，四新会展商务区将继续优化配置区域内的空地，对场馆进行联通，通过扩大场地规模，以一种更从容的姿态去精准思考定位和发展路径，承办更多的专业展和精品展。同时，四新与绿地天河国际会展城实现差异化发展，共同助推武汉市"1+1+N"会展体系的形成，推动现代服务业创新升级。

图2-62 武汉市国际博览中心展馆
资料来源：武汉新城国际博览中心有限公司

扩大运营，宜居宜业会展新城呼之欲出

做好会展，除了要吸引展商，更要吸引来访的客户，实现"双吸引"。

打造"会展+N"配套生态圈，拓展旅游、娱乐、购物、餐饮项目，让产业全面开花，为展商和观众提供"一揽子"服务，丰富会展消费目的地。

目前，通过婚庆节，商务区引入知名婚庆品牌，把中国食材节打造成线上会展，并提供线上零售餐饮服务；在环球文化中心建设同时，引入山姆会员商店等优质配套，让片区配套逐步完善。

2013年起四新会展商务区启动房地产开发业务，不仅给项目累计回款144亿，而且为宜居新城建设做好了铺垫。商务区的景观建设融于周边建设中，以确保营造蓝绿环绕的优质人居环境。在较为成熟的住宅开发的基础之上，新城国博公司大力度整合餐饮休闲娱乐品牌，打造亲子休闲娱乐目的地和文旅运营商。

依托中央水系建造的国博中央公园，是武汉"最美水景大道"——四新大道的起点，面积约15万公顷，绿化覆盖率达到30%，是城市里的天然氧吧。具有汉阳风味的四新明渠"知音夜画·水映汉阳"游船项目，在国博附近将整合风景资源、延伸消费配套，打造一个"网红打卡"的游船码头，吸引市民、游客来此游览。

四新会展商务区既步步完善了城市会展商务职能，也次次提升片区城市功能和品质。它在被赋予独特的功能定位同时，也在坚定地探索一条可持续发展之路。

图2-63 武汉市国际博览中心展览馆夜景
资料来源：武汉新城国际博览中心有限公司

武汉中央商务区

　　武汉中央商务区位于汉口腹地原空军王家墩机场区域，总用地面积约7.41平方公里，位于城市二环、三环线之间，地跨江汉和硚口两区，北面为汉口火车客运站及江汉经济发展区，西面为汉西火车货运站、汉西建材大市场及硚口经济发展区，南面邻近解放大道商贸区，东面衔接武汉建设大道金融一条街和武汉市最大的市区公园——中山公园，交通方便，市政建设配套成熟，区位优势明显。

规划概况

　　秉承"高起点规划、高水平建设"的要求，武汉中央商务区遵循国际先进城市核心规划建设理念，启动了商务区规划编制工作。2004年，武汉市规划研究院在综合SOM建筑设计事务所、德国欧博迈亚咨询公司、澳大利亚ANS建筑设计与顾问有限公司、英国阿特金斯集团和中国城市规划设计研究院等七家国内外知名设计机构的规划方案基础上，编制完成了《武汉中央商务区商务区规划》，并同年获市政府批复。2008年，在总体规划基础下，市规划院编制完成了《武汉中央商务区商务区控制性详细规划》，并同年获市政府批复。

　　武汉中央商务区提出了"立足华中、面向世界、服务全国的现代服务业中心"的规划发展目标，建立了"金融保险、总部办公为核心，文化体育、信息会展为辅助"的产业功能体系，形成了"一心、两轴、四大分区"的总体结构，突出生态和人文的发展主题，打造黄金十字景观骨架，营造商务区"山南水北"的经典城市意象，构建双十字形道路交通骨架和核心区地下综合交通枢纽，打造高效便利的道路交通系统（图2-64）。

实施进展

　　在市委、市政府的坚强领导下，相关部门大力支持和配合，武汉中央商务区发展建设全面推进，除军队土地范围内的用地和部分商务区核心区外，商务区的整体空间结构和道

图2-64　武汉中央商务区核心区效果图

资料来源：武汉市规划研究院（武汉市交通发展战略研究院），《王家墩商务区核心区控规深化调整与城市设计》，2019年

路骨架已初具雏形。初步统计开工和已建成项目约700万平方米，建成或在建百米以上高楼超过150栋，入驻1500余家企业，SOHO城、泛海城市广场、民生金融中心、泛海创业中心等一批商务楼宇投入使用，4栋定制楼宇建成交付，438米武汉中心成为武汉新地标。该区域是全市百米高楼最密集区域。

建设成效

产业集群逐渐形成。引进金融、商贸、中介服务等各类企业1500余家，现有亿元楼5栋，招商银行、邮政储蓄银行、中国移动等区域总部企业陆续入驻，引入喜来登、费尔蒙等国际星级酒店，金融、保险、证券、商务服务等产业健康发展。

城市功能稳步提升。建成道路24条，其中淮海路、宝丰北路高架等19条道路实现通车，核心区地下空间内华中首条地下交通环廊基本完工，华中最大地铁站（武汉商务区站）投入使用，华中首条地下综合管廊基本完工，李克强总理视察时予以肯定。

生态理念形成示范。武汉中央商务区是全国首个通过规划环评的商务区，并成功申报全国第二、华中第一绿色CBD示范创建城区。商务区运用废弃混凝土再生技术，10万立方米原机场跑道混凝土变废为宝；原地保留80余亩水杉林，建设原生态森林公园；建设核心区中轴线景观步道，180亩王家墩公园已建成开放。

武汉中央商务区：
政府引导，破解商务区协同建设之困

武汉中央商务区作为武汉市最早进入建设实施阶段的重点功能区项目（图2-65），以"统一规划"的方式编制高质量实施规划，为区域构建了"一心、两轴、四大分区"的总体结构（图2-66），特色鲜明、层级分明的绿地景观系统，多元复合、完善全面覆盖的公共服务设施，强化区域联系的高效便利道路交通系统，以及功能齐全的市政设施体系。

在昔日见证过"武汉会战"光荣历史的王家墩机场原址上，以规划为引领，历经15年的建设，一座基础设施完善，商务、商业、居住功能功能齐全，高效便利、绿色生态的中央商务区，在武汉的城市中心拔地而起。

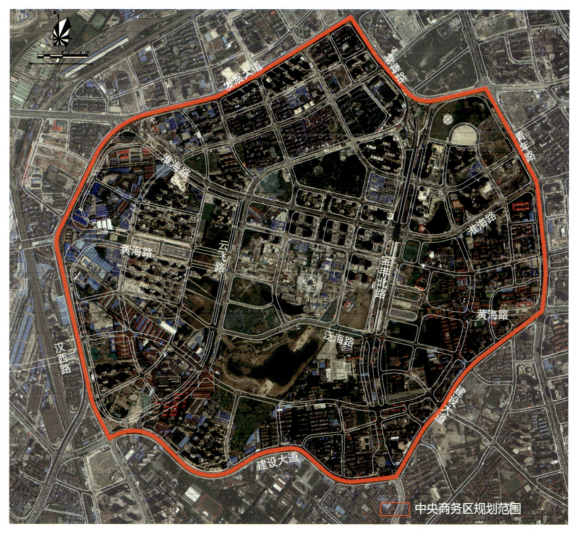

图2-65　武汉中央商务区规划范围
资料来源：武汉市规划研究院，《武汉市中央商务区规划实施评估》，2020年

复兴村社区

山体
堆积王家湖中的土方
形成生态景观

会展中心
实施的第一阶段
包括部分商业及
综合居住

居住社区
低密度住宅居住区

建设大道西段
(穿越居住社区,注重生态性)

综合服务区
服务于市政办公
企业总部办公等

综合功能区(SOHO)
土地混合使用,建设
办公生活为一体的
区域

综合商务区
衔接中心商务区与
老城区的商业功能

建设大道西段
(现有商业活动的延伸)

景观轴

穿越王家墩中心区的快速通道

商业街

宾馆区
建筑高度进
行控制,强调
更多建筑的
临水性

中心广场

居住社区
低密度住宅居住区

水面
视觉与生态宜人的环境
强调从水体\视线\功能
与汉江开发的联系

综合功能区(SOHO)
土地混合使用,建设
办公生活为一体的
区域

居住社区
低密度住宅居住区

图2-66 武汉中央商务区规划结构图
资料来源:武汉市规划研究院,《武汉市中央商务区规划实施评估》,2020年

指挥长机制协调不同建设主体

占地7.41平方公里的武汉中央商务区，和武汉其他重点功能区相较而言，最特别之处是武汉中央商务区由两个实施主体分别建设（图2-67）。位于王家墩机场原址的核心区4000亩（约合266.7公顷）土地，由中国泛海控股集团旗下的武汉中央商务区股份有限公司（简称商务区股份公司）负责项目开发、基础设施及其配套工程建设。4000亩外由武汉中央商务区投资控股集团（简称商务区集团），作为土地一级开发项目法人进行整合开发，通过经营性用地的出让收益，平衡市政基础设施投入资金，建设武汉中央商务区4000亩以外的基础设施配套项目。

在武汉中央商务区建设初期，为统筹推进汉口王家墩机场迁建和武汉中央商务区的开发建设，市政府成立以市长为组长的商务区开发建设领导小组和分管副市长任指挥长的指挥部，领导和协调项目推进。2008年，武汉中央商务区的开发建设工作全面启动，两家建设单位在指挥部的指导支持下，按照先地下后地上、从北到南、由西向东的建设时序，推进商务区土地储备、规划优化、项目建设、产业招商、绿色生态城区创建等工作。

由市政府主导的指挥部形成统筹机制，协调两家建设主体之间，两家建设主体和政府各职能机构、基础设施建设相关单位之间的沟通问题。例如跨4000亩内外的淮海路，以道路整体立项，以

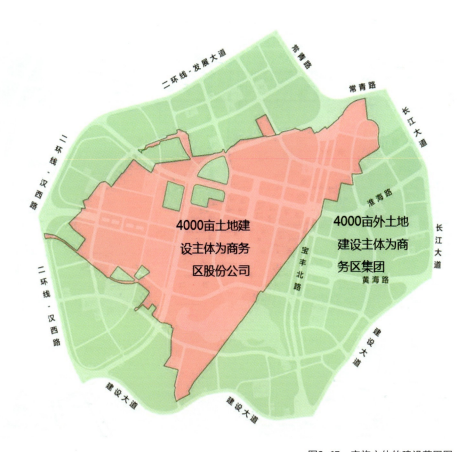

图2-67 实施主体的建设范围图
资料来源：武汉市规划研究院，《武汉市中央商务区规划实施评估》，2020年

图2-68　武汉中央商务区核心区实景鸟瞰
资料来源：牟俊　摄

4000亩内外的坐标点进行界面划分，两个建设主体分别投资、施工。在指挥部统筹机制的协调下，商务区股份公司和商务区集团在武汉中央商务区建设启动初期，就达成了基础设施建设项目的衔接模式和合作共识并延续全今，各自并工又与相协作，共同推进武汉中央商务区的建设工作。

由商务区股份公司负责建设的4000亩土地，先行启动市政道路、公园等基础设施建设，项目开发随路网建设同步推进。项目开发建设由北向南、由东向西，由外向内逐步成片；区域的开发时序，由范湖启动区到北部公园片区，再到西部住宅区，最后开发核心区。4000亩外的区域，商务区集团根据区内开发建设时序，特别是土地供应时序，结合轨道交通实施计划、着重优先推动雨水污水主通道、综合管廊及电力主通道、主干道路等保障型民生工程建设，完善区域内基础设施及配套建设，改善区域环境（图2-68）。

政府平台公司和民营企业，发挥各自优势实现共建

在武汉中央商务区的建设过程中，政府融资平台商务区集团和民营资本商务区股份公司，发挥各自特长和优势，采用不同方式，实现武汉中央商务区的共建。尤其在基础设施和公共建筑的建设方面，因企业性质、资金来源、建设时序安排不同，两家建设主体根据自身需求和条件，在各自的区域内推进了中央商务区主干道路、地铁枢纽、地下环廊、综合管沟、电力通道等基础设施的建设。

商务区股份公司发挥企业的灵活度，自主统筹、安排建设时序的优势和建设方式，尤其在工程复杂的区域，这样的灵活度让商务区的建设工作推进效率更高。以核心区地下空间的建设为例，复

合着黄海路隧道、地铁枢纽武汉商务区站、地下商业、地下停车场、设备用房等功能的核心区四层地下空间，是高密度地下空间的典型。以一体化设计的地下空间，建设主体却是分开的：黄海路隧道的建设主体是商务区股份公司，地铁枢纽站的建设主体是地铁集团。因为地铁枢纽站和隧道的各种工程结构交叉，而且埋深在地下20多米，如果分开建设，会带来非常复杂的工程统筹问题。在这种情况下，商务区股份公司委托武汉地铁集团代建黄海路隧道，和地铁枢纽站一体化建设，完成施工过程和功能的衔接。在市政府的统筹安排下，商务区股份公司和武汉地铁集团进行了多轮协商，确定合作的工作方式和投资划分原则，最终确定地铁枢纽站和隧道依据建筑面积按比例划分，确定各自投资金额。

作为政府融资平台，商务区集团在建设过程中响应国家节能降耗、排污治理号召，在基础设施建设中采用装配式建筑，在房地产项目中采用绿色建筑。关注民生福祉，为改善江汉片原雨污混流区域的生活环境，商务区集团采用雨污分流排水出口，提高市民生活品质；在道路建设中，密切关注周边居民、地块开发的动态对接，尽量满足小区居民、车辆的进出，方便市民出行，充分展现了国有企业的社会责任和担当。

截至2020年，武汉中央商务区建成各类管网277公里，主供水、主排水、主供电、主供气、主信息网系统基本形成。王家墩消防站、城市广场公交枢纽站、红领巾小学建成投入使用，汉口辅仁小学（CBD校区）、武汉市第一初级中学（CBD校区）即将开学惠民，落地全国首条自动驾驶商业运营线路，实现5G站点全覆盖，区域城市功能不断完善（图2-69）。

图2-69 王家墩公园实景
资料来源：牟俊 摄

武汉中央商务区持续建设的再思考

作为武汉最早进入建设阶段的重点功能区项目，武汉中央商务区在建设实施过程中秉承"现代化、国际化、生态化、智慧化"建设理念，整体推进片区功能和形象的打造，实现了土地高度集约化、节约化复合利用，成为自然资源部土地集约利用的示范典型。尤其值得一提的是，武汉中央商务区的华中首条地下交通环廊和首条地下综合管沟的建设，为武汉市其他重点功能区项目如何规划和建设地下空间，实现土地利用的集约化，提供了重要的思路和经验。

在两家建设主体单位的合作下，武汉中央商务区的基础设施建设已接近完成。但是受3000余亩（约合200余公顷）在武汉中央商务区范围内犬牙交错的军产问题，部分道路，例如黄海路隧道、核心区地下环廊等设施无法投入使用，处于"断头路"状态（图2-70）。

2019年，借着"军运会"的契机，汉江大道"最后一公里"的汉江大道武汉中央商务区段（常青路—建设大道）因军产导致的建设中断问题得以解决。汉江大道的全面贯通，标志着武汉中央商

图2-70 中央商务区现状鸟瞰（从南向北）
资料来源：牟俊 摄

务区首次打通南北向交通，与东西向的淮海路构成第一个完成通车的双十字路网，对推动武汉中央商务区的发展，提升武汉城市功能具有重要意义。汉江大道武汉中央商务区段的打通，也创造了"军地联合"的典范。

未来，武汉中央商务区将在政府的主导下与军方协调军土打包置换工作，持续推进基础设施建设的完善，让已建成的设施切实投入使用，提升商务区与外部区域的连通效率；解决综合管沟的移交问题，为武汉中央商务区创造更好的保障支撑。

在城市功能导入方面，政府也将加大力度导入公益功能设施和项目，例如将文化、教育、医疗、体育、会展等产业导入武汉中央商务区，建设相关公共建筑和空间，完善区域功能，激发武汉中央商务区的活力。以公共建筑的建设促进产业落位，在招商引资方面，为武汉中央商务区提供相关引导，以优质企业的引进，共同推进中央商务区实现"聚集金融保险、总部办公、文化体育、信息会展等功能的华中现代服务业中心"的规划目标。

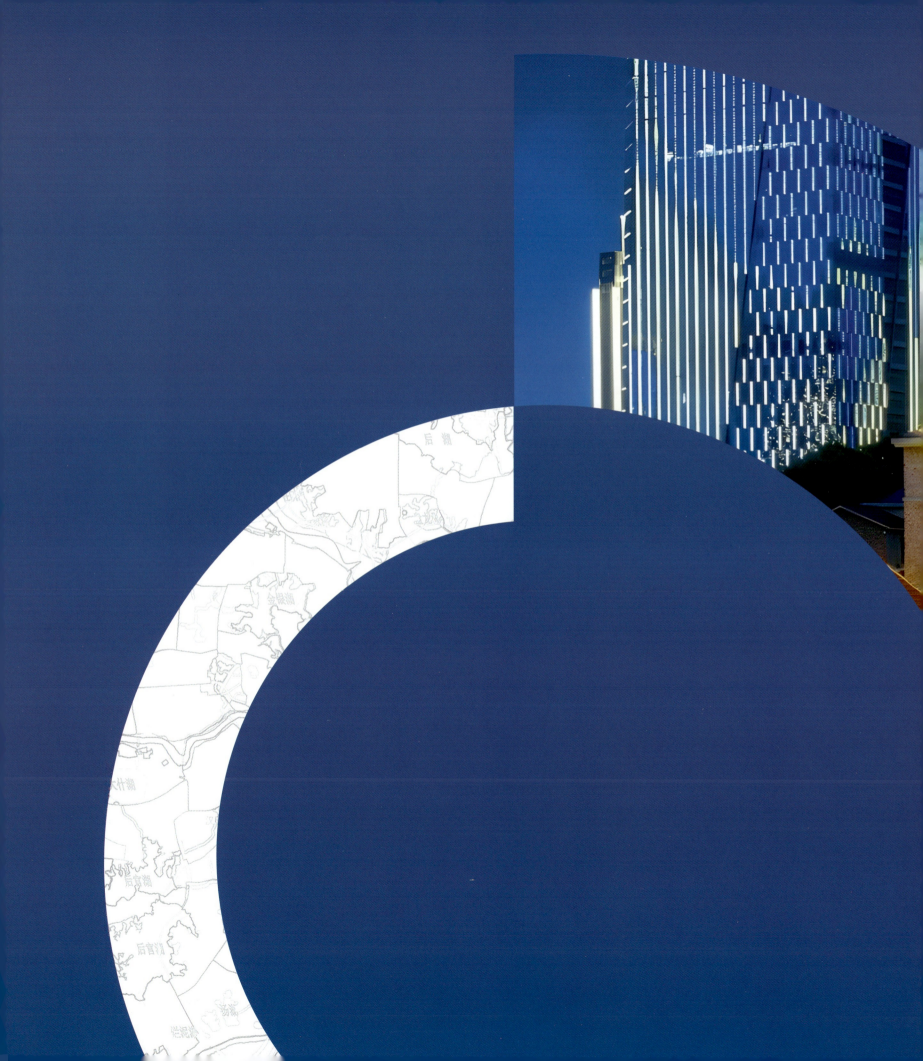

03 第三章
转型与发展

TRANSITION
AND
DEVELOPMENT

有机更新·绿色发展

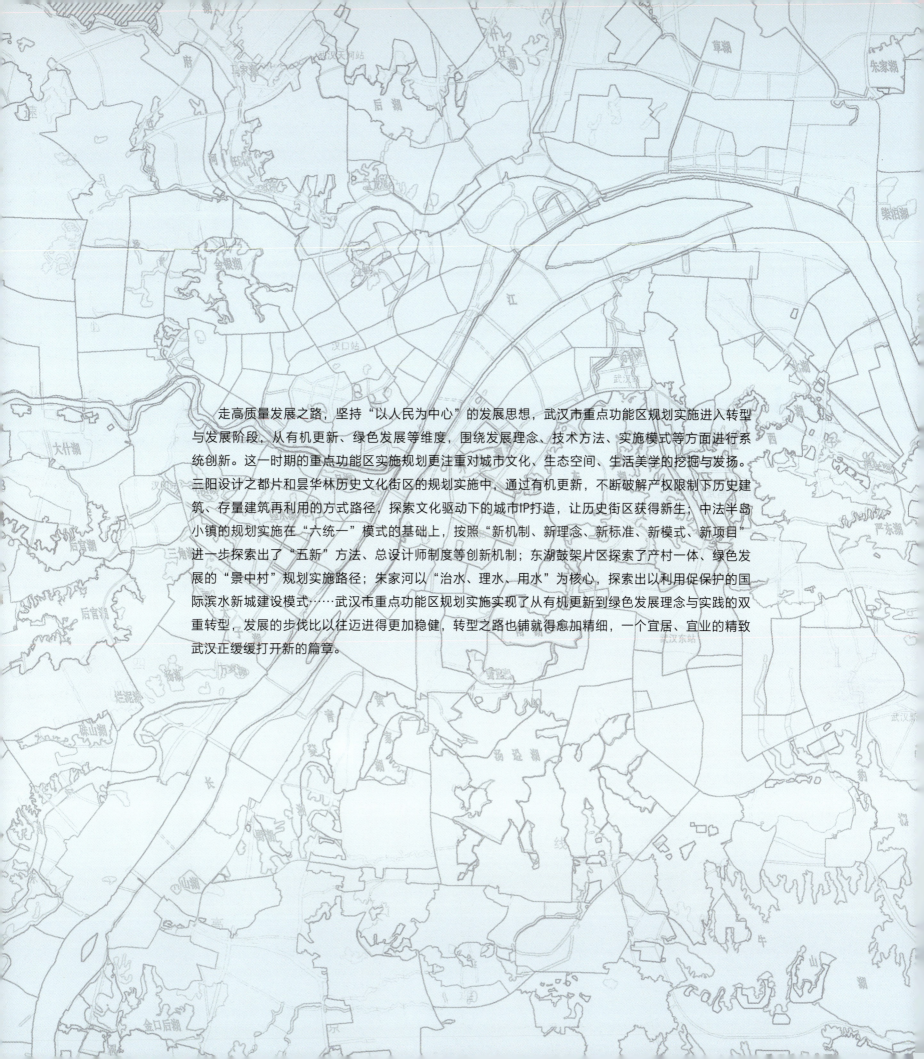

走高质量发展之路，坚持"以人民为中心"的发展思想，武汉市重点功能区规划实施进入转型与发展阶段，从有机更新、绿色发展等维度，围绕发展理念、技术方法、实施模式等方面进行系统创新。这一时期的重点功能区实施规划更注重对城市文化、生态空间、生活美学的挖掘与发扬。三阳设计之都片和昙华林历史文化街区的规划实施中，通过有机更新，不断破解产权限制下历史建筑、存量建筑再利用的方式路径，探索文化驱动下的城市IP打造，让历史街区获得新生；中法半岛小镇的规划实施在"六统一"模式的基础上，按照"新机制、新理念、新标准、新模式、新项目"进一步探索出了"五新"方法、总设计师制度等创新机制；东湖鼓架片区探索了产村一体、绿色发展的"景中村"规划实施路径；朱家河以"治水、理水、用水"为核心，探索出以利用促保护的国际滨水新城建设模式……武汉市重点功能区规划实施实现了从有机更新到绿色发展理念与实践的双重转型，发展的步伐比以往迈进得更加稳健，转型之路也铺就得愈加精细，一个宜居、宜业的精致武汉正缓缓打开新的篇章。

三阳设计之都片

汉口历史风貌区位于武汉汉口老城核心区域，拥有全市最丰富的历史文化资源、最便捷的交通区位条件、最独特的老汉口生活气息和最优质的滨江生态资源。三阳设计之都片地处汉口历史风貌区核心，面积约93公顷，其中核心区约20公顷，由一元路、胜利街、五福路、中山大道围合而成，属于原德租界，历史遗存完整，设计产业特色鲜明。

规划概况

自2015年起，武汉市国土资源和规划局开始着手三阳设计之都片整体规划研究。2016年，借助轨道交通7号线及长江公铁隧道建设的契机，启动三阳路及中山大道十字轴景观提升工程。2017年，继北京、上海、深圳之后，武汉市作为国内第四城，加入全球创意城市网络设计之都，三阳设计之都片自此作为武汉设计之都的核心板块进一步明确功能定位和实施要求。2018年，逐步完成三阳路及中山大道改造提升、街头微型广场艺术化改造以及武汉设计中心等核心建设项目的规划设计工作。

规划从保护和更新两个视角，遵循"留改拆建控"并举的规划思路，从整体片区"设计之都"的定位入手，关注产业导入和空间品质，关注民生改善和环境提升，关注历史遗产传承和城市公共艺术品位，搭建实施整体全流程的工作组织，确保设计理念贯穿规划编制和项目实施每个环节。

通过"产业策划、空间规划、实施计划"同步开展的编制模式，强调系统性和实施性。产业策划方面，通过创、引、增、补的发展思路，打造"1+3"产业体系，关注重点企业类型；空间规划方面，以城市设计为统筹，优化系统性的用地和空间布局，形成公共空间的设计引导，启动区以修建性详细规划统筹实施，落实产业功能，协调交通市政和历史建筑保护等内容；实施计划方面，以空间规划为指引，同步编制实施项目库，协调招商、项目立项、房屋腾退、资金安排等事项（图3-1）。

图9-1 三阳设计之都核心片鸟瞰图
资料来源：武汉市规划研究院.《武汉三阳设计之都核心区城市设计详细规划》，2020年

实施进展

2020年三阳设计之都片成为第一个启动的城市更新项目；2020年，随着一元路、坤厚里、延庆里更新改造等项目的启动，以公共空间、道路市政提升、历史街区整体改造为重点，三阳设计之都片城市更新进入全面实施阶段。目前，武汉市土地整理储备中心已全面完成核心区的土地征收工作，进入改造提升的项目建设和招商运营阶段。

建设成效

按照规划，创意设计工坊、武汉年轻力中心、当代沉浸式体验剧场等业态已签约落定并开工建设，吸纳了上几十家国内外知名设计机构签约入驻，成为武汉"设计双年展"展陈驻地；街道及设施类项目累计投入约11.27亿改造资金，三阳路作为武汉市首条垂江绿轴，成为2019年第七届世界军人运动会重点线路示范段和2019年武汉国际马拉松赛事活动开幕仪式场地和起跑点；"世界20位重要艺术家"之一的罗马艺术学院院长Alfie Monger先生，授权设计之都片为其大型公共雕塑作品《氧O_2》在国内唯一的永久展示场地，三阳路也成为武汉市首条永久展示国际艺术作品的街道，开启了武汉市公共艺术的新篇章。

三阳设计之都片:
设计驱动、规划引领的"破题"与"解题"

2023年2月初,从三阳路到一元路的延庆里、第一皮鞋厂、胜利大院、坤厚里等地,接连不断的系列文化、设计、艺术活动向世界宣告了"三阳设计之都"的全新亮相(图3-2)。三阳设计之都位于汉口历史风貌区最核心地带,以其独具特色的历史建筑、里份记忆、街区生活、空间尺度以及密集分布的工程设计产业成为"武汉设计之都"的示范引领区域。

"这一区域的更新将反映出武汉这座城市未来的更新所能达到的品质,"参与三阳设计之都这一区域规划设计的国际知名设计机构负责人称,"年轻人十分期待可以更好地在此发掘和表达这座城市,他们在这里将创造更多的艺术空间以及创意产业,这是未来三阳设计之都能够发展的引擎。"开启更新改造,以文化、创意、设计、艺术特质重新回到公众视野的三阳设计之都,如何保留与传承历史文化风貌、挖掘历史价值助力区域品质提升、导入产业驱动发展,成为其"破题"与"解题"的关键(图3-3)。

"保护"与"更新"并重,聚焦产业导入驱动城市更新

从三阳路沿胜利街走过来,延庆里、武汉警察博物馆、胜利大院、坤厚里……漫步在红房绿树之间,新开的咖啡馆正飘出咖啡香,仿佛时间停止(图3-4)。2023年2月开街以来,这里的周末和节假日总有各种展览、市集等文化艺术活动。年轻人从各地赶来,打卡、拍照,寻访城市的时光印记(图3-5)。

三阳设计之都属于原德租界,历史遗存完整(图3-6)。作为武汉市城市更新、共同缔造的示范区域,基于大量的历史建筑遗存、城市生活风貌、区位交通优势和滨江生态特征(图3-7),规划既重"保护"也促"更新",遵循"留改拆建控"并举的规划思路,挖掘片区丰富的设计产业资源,以"设计之都"的定位入手,打造"极具影响力的设计产业聚集地、有推广价值的历史街区活化示范区、世界级创意文化魅力名片"(图3-8)。

整个片区的改造聚焦城市更新,尤其聚焦以产业导入为引擎的城市功能更新——以推进实施为导向,结合精准的项目策划、产业落地开展探索。定位为"武汉设计之都"的核心板块和设计产业的集聚区,三阳设计之都首先明确以"设计之都"相关设计产业为核心业态,以大量优质设计机构聚集三阳片区为基础,以"策划运营一体化"的方式,聚焦产业导入(图3-9)。通过打造大型设计机构、中型创新企业、小微创意街店等多类型创意产业的集合链,形成设计产业聚集地;同时布局设计工坊、设计SOHO办公、创意集市、时尚街区、娱乐消费体验、居住生活组团等片区,形成创意网络串联。

目前,武汉设计中心、花园道武汉年轻力中心、当代沉浸式体验剧场等业态已签约并启动建设;几十家国内外知名设计机构、文化艺术IP项目已相继签约入驻,武汉"设计双年展"等城市设计文化名片已经落地于此。

图3-2　三阳设计之都元宵节庆活动
资料来源：武汉市规划研究院（武汉市交通发展战略研究院）

图3-3　三阳设计之都大学生设计竞赛展示
资料来源：武汉市规划研究院（武汉市交通发展战略研究院）

图3-4　三阳设计之都历史建筑改造的咖啡店
资料来源：武汉市规划研究院（武汉市交通发展战略研究院）

图3-5　三阳设计之都年轻人打卡
资料来源：武汉市规划研究院（武汉市交通发展战略研究院）

图3-6 武汉汉口历史风貌街区鸟瞰图
资料来源：武汉市规划研究院，《武汉三阳设计之都核心区修建性详细规划》，2020年

图3-7 三阳设计之都影像图
资料来源：武汉市规划研究院

图3-8　三阳设计之都夜景鸟瞰图
资料来源：武汉市规划研究院

图3-9　三阳设计之都核心片的设计大厦鸟瞰效果图
资料来源：武汉市规划研究院，《武汉三阳设计之都核心区修建性详细规划》

"三阳设计之都将带来新技术、新产业、新业态、新商业模式，武汉未来都将以此作为引擎拓展空间打造现代创意产业，形成更大的产业集群效应和更快的产业规模增加"，远洋集团2019年进驻，打造武汉设计之心、樱花剧场、远洋樽等重点项目，从规划到落地与城市未来发展紧密联动。远洋集团项目负责人介绍："三阳设计之都的建设将引领武汉更加深入全球主流网络，助力武汉企业走出去，参与世界产业链分工的重任；提升武汉国际化进程，加速城市转型升级，实现可持续的高质量发展。"

重新修缮、活化历史建筑，同步提质公共配套与空间环境

三阳设计之都片的更新充分尊重城市肌理与空间格局，采用"强保护、微更新、重引导"的保护策略，严格落实历史资源保护要求，积极修复历史街区肌理，实施对历史建筑的修缮与活化利用。

位于胜利街与二曜路交会处的原德国工部巡捕房，以"修旧如旧"为原则，溯源、还原建筑历史风貌，实施保护性修缮，现改造为武汉警察博物馆并已对外开放，成为展示武汉公安的发展历程和抗疫事迹的爱国主义教育基地。胜利仓库改建的武汉年轻力中心项目，延庆里、坤厚里、胜利大院等历史建筑的修缮、改造和系列城市更新项目正在实施；改造过程中以不同节点举办展览、活动，分阶段逐步向公众开放。

空间更新方面，与以往城市改造的大拆大建不同，以保留更新为主，注重活化利用历史遗迹，复兴老城产业功能。通过精细化城市更新、城市治理方式，改善片区环境，优化市政、交通等方面的基础配套与保障。自2020年起，一系列基础设施优化与公共空间提质项目已经启动——通过架空杆线整治入地、箱柜迁出街道、断面慢行改造等一系列城市更新措施，打造公共交通加慢行的历史风貌区道路体系，提升沿街建筑立面及景观风貌，形成友好的步行体验。同时，利用滨江绿化资源串联起城市的绿地系统，打造三阳路垂江生态廊道；对内优化片区绿化空间，加强城市公园和社区邻里之间的空间联系。在区域的口袋公园和小型公共空间节点布置公共艺术作品，并通过各类活动鼓励年轻人参与共同创作，以形成标志性的景观打卡点，提升公共空间品质、营造区域的文化艺术氛围，重新吸引行人驻足。

在汉口历史风貌区所推动的城市更新，是空间的更新、功能的更新，更是区域经济动能的更新，城市气质的更新、未来生活方式的更新（图3-10）。

成立工作专班、统筹设计联盟，规划引领城市更新

为推进实施为导向的城市更新，三阳设计之都片以关注产业导入和空间品质、关注民生改善和环境提升、关注历史遗产传承和城市公共艺术品位为前提，搭建从规划到实施整体全流程的统一工作平台，以设计驱动创新、以规划引领城市更新，推动武汉城市经济的创新发展和城市文化的创作传播。

市规划局领衔组织江岸区政府、市属投资平台形成三阳设计之都工作专班，统筹土地储备、招商运营、资金筹措、项目安排、技术协调、实施建设等工作，通过联席会议，从土地房屋收储、政策研究、招商、项目建设等方面综合推进从规划到实施全流程。同时，联合多方共同成立三阳设计

图3-10　三阳设计之都开街
资料来源：武汉市规划研究院（武汉市交通发展战略研究院）

之都规划设计联盟，统筹规划设计各项技术工作，以保证从规划到实施的落地。

为统筹多部门综合推进项目实施，搭建统一平台，以"一图一表"项目库的形式推进实施工作，按照腾退收储、道路市政设施、老旧小区改造、环境景观提升等类型，形成实施项目库，动态更新、推进工作。江岸区政府、市规划局、储备机构、一元街、车站街等组成专班负责综合协调；市规划局组织规划设计机构，承担技术平台；江岸区政府、街道组织区级部门和市、区平台公司统筹各类项目建设实施。

政策创新+机制创新，共同缔造历史街区

基于片区内大量的历史建筑遗存，三阳设计之都根据房屋和基础设施的实际情况，从政策层面探索了历史街区城市更新土地开发的新模式——一种为土地储备机构赋能、调动市场活力，探索通过综合平衡、长期平衡带动开发的新模式。

通过"共同缔造"理念探索机制创新，建立共同缔造联席会、项目建设会商等制度，保障共同缔造各项工作落实。强化规划引领，广泛邀请国内外知名策划、规划、设计机构、高校资源等，和本地设计机构组建共同缔造规划设计联盟，组织技术论证、研讨，发动社区居民共同参与各项任务谋划、设计；引入总设计师、社区责任规划师等制度，指导相关项目高品质实施落地；明确市、区级平台作为各类实施性项目的承担主体，履行政策性投融资、各级项目建设、各类资产持有和运营等职责，定期举行开放座谈、共商共议，与社区居民代表、企事业单位、社会团体等交流、讨论，共同推进项目实施。

昙华林历史文化街区

昙华林历史文化街区位于武汉市武昌古城东北角，原为明洪武四年武昌城扩建定型后逐渐形成的一条老街区，螃蟹岬、花园山、凤凰山三山环抱，60余处历史建筑依山而建，较为完整地反映了武汉开埠以来的文化历程，形成了中西合璧、山城交融的独特城市风貌，汇聚了民俗、革命、教育、艺术等多元文化，被誉为武昌古城之根、武汉近代历史之缩影。为抢救性保护瑞典教区等优秀历史建筑，修复街区风貌和文脉，让街区焕发新的生命，2014年武昌区启动了昙华林历史文化街区核心区瑞典教区片保护修缮工程，用地面积约3.7公顷。

规划概况

2014年，受武昌区政府委托，武汉市自然资源保护利用中心联合伍德佳帕塔事务所完成了昙华林历史文化街区核心区瑞典教区片修建性详细规划及建筑设计。规划以延续历史文脉促进街区新生为理念，创新性地将历史遗产与公共空间相融，重构街区内建筑、景观、交通和业态设计，重新定义场所公共文化价值。

规划保留片区80%以上原有建筑，保护街区肌理脉络，保证原有风貌格局的完整。打通、整合零散的现代建筑，对风貌不协调的现代建筑进行局部降层、立面整治和坡屋顶处理；结合场地高差植入高架步道等亮点交通方式，衔接不同标高的建筑与公共空间，塑造高低错落的山地小镇景观风貌；精心修缮整治历史建筑，坚持以原材料、原工艺恢复其原有风貌，保持历史文化遗产原真性；对地上、地下基础设施全面改造，提升街区韧性。

图3-11　昙华林历史文化街区保护更新实景
资料来源：武汉市自然资源保护利用中心

实施进展

按照整体规划、分期实施的工作思路，秉持"保护为主、修旧如旧、多维提升"的原则，于2015年11月启动昙华林历史文化街区瑞典教区片征收，2019年1月正式实施保护修缮工程。2019年9月，完成了昙华林沿街一线建筑及环境整治，并对外开放。截至2023年，昙华林历史文化街区瑞典教区片保护修缮四期工程基本全部完成，保护修缮各类建筑近60余栋，引进各类文化艺术相关产业42家（图3-11）。

建设成效

探索项目所有权与经营权分离模式，资产由政府部门持有，委托区属国企武汉武昌古城文旅投资发展集团有限公司运营。围绕"昙华·记忆""昙华·味道""昙华·客厅""昙华·花园""昙华·文脉""昙华·剧场""昙华·半山""昙华·广场"八大主题分区，重点布局建设武昌古城遗址公园、北欧文艺小镇、当代艺术中心、非物质文化体验馆、文物修复体验园、昙华文创园、书文化体验区、昙华剧场八大文化艺术品类，引入隐居昙华林民宿、考古匠、古城老字号扬子江、斗记茶叙、昙公馆、东棠花园音乐餐厅等品牌商业，年接待量突破800万人次。

随着瑞典教区片保护修缮工程高质量落地实施，昙华林历史文化街区迅速成为江城新名片、文青聚集点、网红打卡地，是武汉市文化和旅游局推荐的重点夜游街区，并荣获省级历史文化街区（2020年）、首批湖北省旅游休闲街区（2021年）、湖北省最美公共文化空间优秀案例（2022年）、2023武汉设计年度优秀作品等荣誉称号，昙华林核心区保护修缮工程作为城市更新的优秀范本，带动了周边区域乃至武昌古城的全面保护与复兴（图3-12）。

图3-12　昙华林历史文化街区核心区夜景
资料来源：武汉市自然资源保护利用中心

昙华林历史文化街区：
以文化产业促历史文化街区活化利用

被螃蟹岬、花园山、凤凰山三山环抱的昙华林历史文化街区，见证了武汉开埠以来的文化历程，被誉为武昌古城之根、武汉近代历史之缩影。昙华林历史文化街区的活化复兴，经历了从自由生长的艺术街区、规划引领的街区更新，以及文化产业促进历史街区焕新的20年更新历程，昙华林历史文化街区的"历史回眸"成为武汉保护街区历史文脉、让街区重新焕发活力的典型案例（图3-13）。

近两年，昙华林当代艺术中心、昙华剧场、考古匠文遗产业园等一批历史建筑修缮改造后重新开放，成为昙华林历史街区新的地标打卡点。有数据显示，2023年以来昙华林历史文化街区每个周末和节假日的接待量都超过了6万人次；周末的昙华剧场演出爆满，以昙华林历史建筑、街区标志、卡通形象为创意的文创产品一度成为热门。焕然一新的昙华林成为引爆武汉文旅复兴的招牌。

规划引领，渐进式更新让街区焕发新生

昙华林历史文化街区原为明洪武四年武昌城扩建定型后逐渐形成的一条老街区，三山环抱、60余处历史建筑依山而建，高低错落有序、中西风格交融、山城格局尽显——昙华林历史文化街区独具一格的城市风貌，给人以既古典又现代、既东方又全球的独特气韵。1200米的老街上，有教堂、医院、学校，有花园、公馆、民居、领事馆，历史文化底蕴丰厚，较为完整地反映了武汉开埠以来的文化进程、近代教育的发展历程，也是武汉市古城文化、革命文化和科教文化的重要见证（图3-14）。

在21世纪初，紧邻湖北美术学院的昙华林历史文化街区已经成为艺术气息最为浓厚的城市角落，是武汉最早的"文艺青年聚集地"。美院的教师工作室、学生创业工作坊、咖啡馆、书店、文创设计集合店，逐渐在昙华林出现。与此同时，随着人口的不断聚集、基础设施的过载以及商业的无序发展，街区保护与发展的矛盾也日益凸显。

2004年，市规划局组织编制了昙华林第一轮保护规划。2005年到2013年，武昌区政府按照保护规划要求，分期开展了"点"状更新改造工程。对"点"状69栋历史建筑进行全面修缮，打通历史街巷，增加公共空间，重新铺装路面，对沿街招牌、街道环境进行改造整治。同时，为培育昙华林文化艺术产业环境，扶持引入"三汉工作室"等艺术工作室，吸引"大水的店"等初代文艺青年网红零售店进驻，开启了公众参与下的历史文化街区环境改造，共同培育街区文化氛围。

2014年，为进一步改善瑞典教区旧址等优秀历史建筑生存环境，市规划局启动了昙华林人文小镇项目，以核心区3.7公顷范围为试点，通过高质量设计、高标准修缮和高品质利用，由点到面，推动街区保护与复兴。2019年，武昌古城保护发展中心成立，负责武昌古城7.7平方公里范围内空间和产业规划、土地储备、项目建设、街区改造提升、产业导入以及综合协调等工作。昙华林人文小镇是武昌古城保护发展中心负责建设的核心项目之一。2019年昙华林人文小镇启动建设，由武汉武

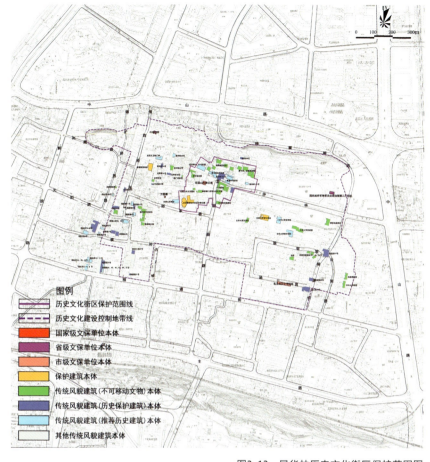

图例

历史文化街区保护范围线
历史文化建设控制地带线
国家级文保单位本体
省级文保单位本体
市级文保单位本体
保护建筑本体
传统风貌建筑(不可移动文物)本体
传统风貌建筑(历史保护建筑)本体
传统风貌建筑(推荐历史建筑)本体
其他传统风貌建筑本体

图3-13　昙华林历史文化街区保护范围图
资料来源：武汉市自然资源保护利用中心，《昙华林历史文化街区保护规划》，2018年

图3-14　昙华林2013年航拍图
资料来源：武汉市自然资源保护利用中心，《昙华林启动片修建性详细规划》，2015年

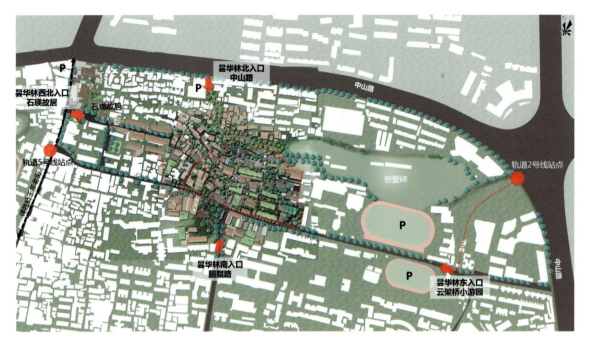

图3-15 昙华林人文小镇规划总平面示意图
资料来源：武汉市自然资源保护利用中心，《昙华林启动片修建性详细规划》，2015年

昌古城文旅投资发展集团有限公司负责建设实施和招商运营。以发展文化创意产业为目标，整体策划运营更新功能业态，打造历史文化活态传承的昙华林人文小镇成为武昌古城保护与复兴的引爆项目（图3-15）。

2020年大力推进"景区、街区、社区"三区融合，开启街区的全面更新改造。进一步激发区域高校、企事业单位、社会资本参与到街区小规模更新中，围绕昙华林文化IP，营造了教育、中医药、民俗等文化体验消费空间，不断丰富昙华林文化产业内涵。

从自由生长到规划引领的历史街区更新，昙华林历史文化街区在近20年通过持续的环境改造、节点打造、历史文化价值提升，串联起历史场景与城市记忆，逐渐形成历史文化内涵多元、山地特色街区风貌凸显、文化艺术活力持续生长的城市文旅IP。

挖掘价值，对历史建筑进行"考古"修缮

在街区的更新中，秉持"修旧如旧"的原则对历史建筑进行修缮，还原历史街区特有的历史氛围。通过调查走访，查找历史建筑老照片、设计图纸及历史资料，补充建筑测绘、数字平台等多种方式，对历史建筑的材料、屋顶形式、门窗细节进行对照设计，保持原貌的同时实现新与旧的对话。

"现在改造为昙华剧场的夏斗寅公馆，为植入新的功能与业态，在原有结构上进行了重新设计，保持原貌的情况下重新设计了屋顶，营造剧场的氛围。"武昌古城文旅投资发展集团有限公司负责人介

图3-16　翟雅阁修缮后成为博物馆
资料来源：何海威　摄

绍，在核心区9处历史建筑的修缮过程中，按照"考古"的方法，拆除违建和加盖，还原历史建筑的墙体、门窗以及结构；按照"可逆"的原则进行修补，尽量保持历史建筑的原貌；充分利用历史建筑的场地特征和环境要素，将古树、台阶塑造成为场地公共空间和文化象征。在修缮历史建筑的同时，为现代文化艺术生活提供新空间。

昙华林路口的翟雅阁博物馆是另一个政府主导、社会资本参与的典型案例。作为武汉设计之都的客厅，翟雅阁在修缮、改造之后成为对外展示武汉工程设计、创意设计类展览的展馆，也是武汉设计双年展的主要场馆（图3-16）。

结合历史文脉植入新业态，让历史建筑"活起来"

引入艺术创作、文化展演、创意零售、高端商业、书店酒吧、文艺旅游等新功能，重点打造昙华林当代艺术中心、昙华剧场、非物质文化体验馆、城市山地旅游等一批亮点文化体验型项目，丰富昙华林的历史文化体验和产业活力。充分挖掘武昌古城的城墙历史元素，结合山顶建筑改造古城印象馆，建立昙华林的新文化地标（图3-17）。

同时，为让文物资源"活起来"，着重打造"博物馆之街"，区属国企文创公司联合昙华林街区民间博物馆发展涵盖民间收藏、名人故居、红色记忆等系列展馆近20家，并邀请高端团队打造昙华林历史文化街区节点环境提升工程，实现"山、人、城、文"融为一体。

图3-17　融园咖啡馆
资料来源：武汉市自然资源保护利用中心，《昙华林启动片修建性详细规划》，2015年

文化为魂，全面激活街区历史遗产

　　历史文化街区的保护与更新，不同于传统旧城更新的规划组织和建设模式，基于片区内大量历史遗存的文化价值挖掘和活化利用，以文化产业与现代城市功能的复合业态构建新的区域发展动力，引导城市居民、企业、高校、媒体等各方力量共同缔造。这是城市文旅IP形成的创新探索，也是未来城市转型发展的焕新动能。

　　昙华林的区域特征和地形特点为更新与活化带来了创新的思路——依山就势、高地错落，结合地形的高差形成立体流动的场所空间。恢复山体景观格局，挖掘历史印记，建设武昌古城印象馆，呈现武昌古城1600年的时光印记；结合山地格局特色，打造雕塑公园、半山小径（图3-18）、文化广场等多元公共空间，以公共艺术活动、事件营造和公共艺术装置塑造复合、多样的公共空间场景和文化艺术体验；引入小火车、高架步道、电动小巴等特色的交通方式，营造多元的空间体验。设计山地文化及多元文化建筑体验之旅、历史传奇人物故事及其故居体验之旅和人文艺术体验之旅三条特色文化体验线路，串联历史建筑、亮点公共空间和节点，重拾街区历史记忆。

　　立足于街区深厚的历史文化底蕴，整合片区的艺术、文化、教育、医疗、生活等特色文化资源，促进文创产业多元化发展。武昌古城文旅投资发展集团有限公司对街区进行整体统筹招商运营，引入了老字号和传统产业，统筹安排文化创意、民宿餐饮的功能布局，结合场所的历史文化价值引入新业态，让历史街区、历史遗存重新活起来。

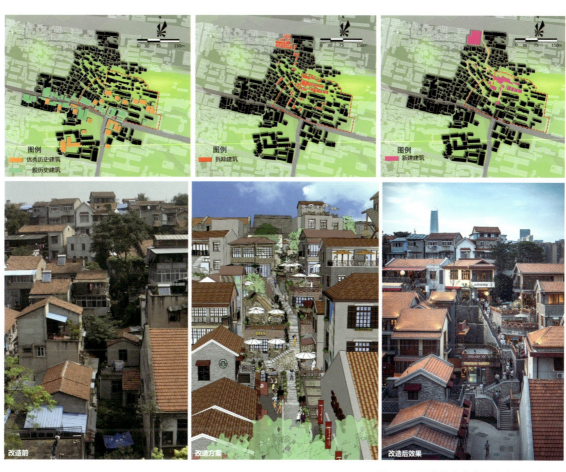

图3-18　昙华林半山小径改造前后对比图

资料来源：武汉市自然资源保护利用中心，《昙华林启动片修建性详细规划》，2015年

　　基于城市文旅品牌建立过程中的问题导向，从发展的现状、问题出发，将规划介入到顶层设计、业态策划、补足功能、完善配套中，联动空间营造、招商运营等环节以集聚带动文旅品牌的建立和发展。"昙华林正在迎来真正的春天。"武昌古城保护发展中心项目负责人称。如何把来到昙华林的游客留下来，把"流量"转化为"留下来的流量"，以文化产业驱动片区发展的"消费、销量"，是昙华林历史文化街区探索活化利用新的命题。

共同缔造、探索文化+街区运营模式

　　政府搭建平台、企业深度参与、公众参与共创共治，昙华林历史街区的保护与更新是政府、企业与居民共同深耕、共同运营的城市品牌IP。"保护、修缮、运营、治理"同步推动，"景区、街区、社区"三区融合——既要鼓励居民分享、讲故事，增添人文气息，也需要专家、学者为昙华林历史文化街区发声，让专业团队、社会组织和城市居民共同参与片区规划编制、项目建设和空间治理，共同缔造街区未来（图3-19）。

图3-19 昙华林历史文化街区保护更新工作组织架构图
资料来源：武汉市自然资源保护利用中心

昙华林历史文化街区在形成城市文旅IP过程中有丰富的探索实践和品牌经验。据武昌古城保护发展中心项目负责人介绍，2020年武昌区围绕"历史文化街区和优秀历史建筑保护利用"目标，打造标识强、随处可见的街头博物馆群——重点以昙华林正街16处建筑为主体，打造昙华林街头历史文化博物馆。深化昙华林街头历史文化博物馆导览系统，制作昙华林街头历史文化博物馆手绘地图，用"一部手机游武昌"新媒体平台，打造"昙游记"专题，详细介绍历史建筑影像与历史故事；在昙华林东入口和胭脂路路口设立两块导览图，为16处建筑树立标识牌、二维码，全方位展现武昌古城厚重的历史文化底蕴（图3-20）。通过举办系列活动，营造文化艺术氛围——古城定向赛、江南造物节、武昌古城文化微讲堂、居民口述历史、红孩儿小小讲解员、"借智引智，共谋古城发展"座谈会……近年一系列活动持续举办，让观众有机会参与互动、传播、交流、创作，把文化艺术融入昙华林的日常。

2023年底，随着昙华林人文小镇的全面建成和开放，武昌古城印象馆、武昌古城遗址公园等一系列新的地标建筑将与昙华剧场、昙华林当代艺术中心、考古匠文遗产业园、昙华林近代教育博物馆、翟雅阁武汉设计之都客厅等共同形成地标建筑群，推动文化产业链在昙华林历史文化街区的深度开发，以及城市文化IP的持续深耕。从旅游、文创、展览、演艺、文化艺术体验服务到餐饮、休闲、商业配套服务等，以文化产业促区域发展的集聚效应正在形成（图3-21）。

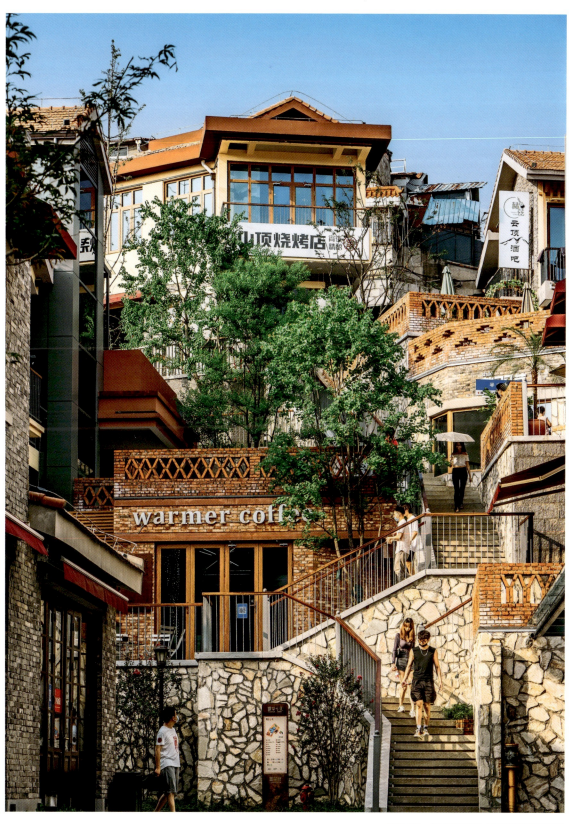

图3-20　昙华林半山小径保护更新实景
资料来源：武汉市自然资源保护利用中心

图3-21　武昌古城遗址公园规划效果图
资料来源：武汉武昌古城文旅投资发展集团有限公司

中法半岛小镇

    中法武汉生态示范城（简称中法生态城）是中法两国应对环境与气候变化挑战的最高级别合作项目，总面积约39平方公里，着力建设产业创新之城、生态宜居之城、低碳示范之城、中法合作之城、和谐共享之城。武汉·中法半岛小镇位于中法生态城的东南部，区位条件优越，生态环境优美，总面积约8.2平方公里，核心区约2.2平方公里，是中法生态城的首个示范项目。

    2019年由武汉市自然资源和规划局联合蔡甸区人民政府、中法武汉生态示范城管理委员会成立武汉·中法半岛小镇项目秘书处，特邀法国驻武汉总领事馆参与。历时三年，采取"新机制、新理念、新标准、新模式、新项目"的"五新"方式共同推进半岛小镇的规划、建设、招商及实施工作，打造中法合作、生态智慧标杆。

规划概况

    2019年底，武汉市自然资源保护利用中心联合夏邦杰设计事务所、阿海普建筑设计咨询（北京）有限公司、苏伊士环境集团等优秀法方设计机构组成中法联合设计团队，先后完成概念城市设计、核心区实施城市设计及控制性详细规划，并通过市规委会审查。

    中法半岛小镇规划定位为中法生态智慧示范与国际合作标杆，按照"国际公共服务聚集、生态低碳示范、宜居品质提升"的原则提出了"最小动静、最低成本、最高标准"的新思路，予以集中打造。设计方案最大限度结合现状地形地势、湿地水塘及农林植被等自然资源特征，形成"两轴、一带、一网、四组团"的鱼骨形滨湖半岛空间结构，打造贯穿南北、直达汉阳站的丁字形国际公共交往轴，建设包含高密度慢行公共路网的零碳慢行示范区、4.5公里长的滨湖生态岸线（图3-22）。

图3-22　中法半岛小镇核心区规划总平面图
资料来源：武汉市自然资源保护利用中心，《武汉市中法半岛小镇核心区实施性城市设计》，2021年

实施进展

从2020年4月开始，武汉市土地整理储备中心着手开展土地整体储备。截至2023年，通过采取"全域统征、一次报批"方式，完成了6400多亩（约合427余公顷）的用地储备工作（占需要储备的总用地的90%以上），出让及划拨土地约3000亩（合200公顷，占可出让划拨用地的50%）。

近年来，按照"招商与规划互动"的模式，武汉·中法半岛小镇秘书处通过组建中法联合团队、搭建中法招商平台，以规划与产业导入相结合的实施机制，同步推进土地储备、基础设施建设和生态修复等工作，全面提升中法半岛小镇的城市能级和品质。截至2023年，已完成了首批6宗地的集中供地工作，已促成武汉城建开元森泊度假乐园、法式动漫主题乐园等十余项优质项目落地。

建设成效

2021年率先启动生态修复项目和基础设施建设。目前已经完成了约40公里道路的建设，生态绿化规模达86公顷。智能网联公交及场站运营、中法航空科学园光伏能源项目等智慧环保项目也将入驻；生态滨湖涵养带作为《湿地公约》第十四届缔约方大会示范区之一，已成为黑翅长脚鹬、粗根水蕨等珍稀动植物的栖息地，生态示范效应显著。

按照规划，区域内落地项目达到25项，武汉城建开元森泊度假乐园、金地国际城、东部门户金丝带景观提升等数十个项目已破土动工；2023年大力推动产业项目落地实施，中法航空科学园、中法航空博物馆、高品质旗舰尚品汇、中欧商贸国际社区、中欧时尚体验工坊、国际教育学院等第一批优质项目以"云招商"形式上线"汉地云"平台，中法半岛小镇建设将全面加速，助力中法武汉生态城高质量发展再上新台阶、再创新局面（图3-23）。

图3-23　中法半岛小镇核心区鸟瞰图
资料来源：武汉市自然资源保护利用中心，《武汉市中法半岛小镇核心区实施性城市设计》，2021年

中法半岛小镇：
一场探索创新的生态实践

一座生态城，处处芳菲景。

2019年11月，国家主席习近平同法国总统马克龙会谈时强调，欢迎更多法国企业参与中法武汉生态示范城建设。

按照武汉市委、市政府要求，市规划局于2019年12月正式参与中法生态城建设实施，联合蔡甸区人民政府、中法武汉生态示范城管理委员会成立武汉·中法半岛小镇项目秘书处，特邀法国驻武汉总领事馆参与。

中法半岛小镇项目是武汉市新城区重点功能区片规划实施的创新实践示范项目。为充分体现"中法特色"的高要求和"生态、环保、智慧"的高标准，迅速改变中法生态城前期建设相对滞缓的状况，经过认真的分析研究，市规划局决定采取"新机制、新理念、新标准、新模式、新项目"的"五新"方式推进项目建设，将中法生态城东南部8.2平方公里滨湖用地规划建设为中法半岛小镇（图3-24），予以先期集中打造。

"五新"方式具体表现在，新机制是指采取"市区联动、中法联合、全程服务"的创新工作机制；新理念是指采取"最小动静、最低成本、最高标准"的创新规划理念；新标准是指建立"中法认证、生态示范、智慧应用"的创新技术标准；新模式是指采取"汲智汲力、共谋共建"的创新工作模式；新项目是指打造"生态低碳、国际服务、宜居生活"的创新示范项目。

中法半岛小镇是中法生态城遵循"先规划后建设、先地下后地上、先生态后业态"理念的缩影，是"十四五"国土空间规划市级重点功能区之一，它的逐步落地，意味着中法产业合作正走向纵深。

图3-24　中法半岛小镇区位图

资料来源：武汉市自然资源保护利用中心，《武汉市中法半岛小镇核心区实施性城市设计》，2021年

2022年，《武汉市中法半岛小镇核心区实施性城市设计》入选自然资源部国土空间规划实践案例第一批推荐名单，成为武汉市唯一入选城市设计案例名单的项目。

生态规划，探索元首项目的生态落地

在项目推进过程中，为高效回应中法双方需求，市规划局与法国设计方于2019年底组建中法设计团队，合作开展规划设计，先后完成概念城市设计、核心区实施城市设计及控制性详细规划。

在规划理念方面，中法双方始终遵循"最小动静、最低成本、最高标准"的基本原则。规划充分尊重自然生态本底，结合现状自然资源特征，引入智慧湿地、环保技术、循环模式等先进手段降低建设和运营成本，从业态品牌、生态环境、慢行体验、城镇景观等方面融入中法文化、建筑、可持续发展等特色元素。

在设计方案方面，核心区紧密结合现状地势，形成"两轴、一带、一网、四组团"的鱼骨形空间结构，并从强化主导功能聚集、优化空间形态引导、示范项目设计引导三个方面加强城市设计管控。其中，"两轴"为向南直达后官湖，向西联系武汉西站的"丁字形国际公共交往轴"，将打造成为汇聚中法优质品牌、融合中法文化特色的地标性步行街；"一带"为依托滨湖水塘、现状地势低洼处构建的，拥有约4.5公里生态岸线的"滨湖涵养带"；"一网"为由临湖生态缓冲带、多个临湖湿地净化圈组成的"后官湖环岛湿地湖链"；"四组团"则为提供国际商贸服务、法式生活服务、滨水文旅服务以及文体创意服务的四大功能片区。方案整体延续中法生态城从城市地区到生态地区逐渐过渡的总体空间形态，引导形成多种典型生态街区，实行建筑规模总量控制，让居住建筑规模在中法半岛小镇范围内动态平衡（图3-25）。

在建设标准方面，中法半岛小镇按照"人无我有，人有我优"的思路，联合实施指标的企业共

图3-25 中法半岛小镇核心区效果图
资料来源：武汉市自然资源保护利用中心，《武汉市中法半岛小镇核心区实施性城市设计》，2021年

图3-26 中法半岛小镇生态智慧示范标准示例
资料来源：武汉市自然资源保护利用中心，《中法半岛小镇生态智慧示范标准专题研究》，2021年

同制定了生态智慧示范标准。中法生态城对标可持续发展指标体系、国家生态园林城市标准等中外技术标准，建立了"5个维度、24项指标"的中法生态城指标体系。中法半岛小镇在总体规划的基础上，结合专项以及可落地的项目，根据项目的实施方、建设方的各方情况共同确立更高标准，形成中法半岛小镇生态智慧示范标准，包含12个维度及59项指标，确保项目高标准实施（图3-26）。

在土地储备方面，为推进优质项目落地，中法半岛小镇将"项目招商、规划编制、土地供应"多元融合，在市规划局统一部署下，创新土地储备模式，开创规划与产业导入相结合的实施机制，在片区内推动"六统一"的综合开发模式，实现"同步征地、同步报批、同步调规、同步供地"的土地储备新模式，以产业导入为核心，高效推进土地储备、基础建设和生态修复工作，全面提升中法半岛小镇的城市能级和品质。土地储备新增建设用地报批工作，这也是武汉市首次采取全域统征、一次报批的方式。结合招商意向和基础建设时序，分区域重点挂图作战，统筹推进征收腾退工作。

在生态修复方面，项目采用全过程工程咨询服务模式，启动核心区湿地景观和湿地链净化系列建设。2021年，项目立足现有生态基底，从生态修复、生态保护、开发利用、功能提升等角度入手，采用低碳生态技术与低影响开发模式，搭建集排水体系、构建生态排水渠道和滨湖涵养带为一体的湿地净化链系统、打造武汉首个湿地净化生态示范区，构建低碳多元生境，实现经济、社会、环境效益的协调统一。

中法半岛小镇生态绿化规模已达86公顷，并将于2023年进一步新增60余公顷生态绿化工程建设计划。中法生态城大什湖生态修复项目得到湖北省自然资源厅宣传推广；中法半岛小镇后官湖生态滨湖涵养带、东部门户"金丝带"等示范项目已初具生态示范效应。

生态规划不仅勾勒出中法半岛小镇的美丽景致，进一步拉进了人与自然间的距离，更从生态的角度出发，推进技术落地，提高区域韧性。

招商运营，创新标杆规划实施的"武汉模式"

中法半岛小镇项目中，结合小镇的主导方向，制定了可更新、可迭代的招商地图。有了招商地图，让项目生出"千里眼"，可以按图索骥实现定向式、导航式的招商，实现土地精准供应，加快项目土地要素配置，推动项目建设驶入"快车道"（图3-27）。

中法半岛小镇核心区创新探索"开门规划、精准对接、全程服务"的实施性规划新模式。通过"开门规划"进行招商推介与方案升级，依托整合规划实施智慧管控平台，推进自然资源精准匹配、保护及利用协调发展。

项目充分发挥"市区联动、中法联合"机制优势，依托市区政府部门、法国驻武汉总领事馆、

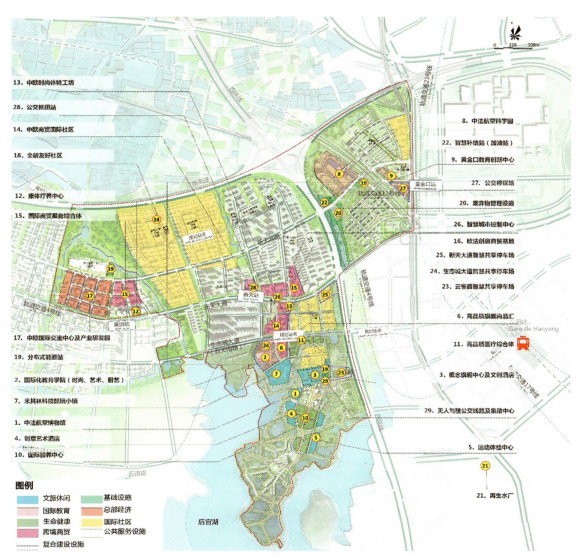

图3-27 中法半岛小镇招商项目示意图
资料来源：武汉市自然资源保护利用中心，《武汉·中法半岛小镇招商手册》，2023年

意向合作企业，合力争取土地征储、生态修复、基础设施等政策支持；以优质法资项目落地为抓手扩大项目国际影响力；高水平建设可示范、可复制、可推广的城市可持续发展标杆。

秘书处充分发挥市级规划管理部门、地区人民政府及驻汉领事馆的机构优势，调动各方优势力量，成立综合组、规划组、政策组、储备组，并以四个工作组为核心，联合相关部门、机构搭建招商推介平台、规划技术平台及建设实施平台，为重点项目联动储备量身定制招商策略，坚持全程招商、搭建平台，为入驻企业提供全周期规划实施保障服务。

近年来，中法半岛小镇每年都举办或参与各种大型活动或招商推介活动，如规划研讨沙龙、法国经贸洽谈会、法国大区政府交流、现场考察签约、云招商等，卓有成效。法国驻华大使馆高度支持，积极促成以法国各大企业为主的"法中生态城俱乐部"，法国驻武汉领事馆及欧洲商会等热情促成中法半岛小镇参与上海进博会、湖北华创会等高级别会议，共商项目经贸合作，更好地推进中法项目落子小镇。武汉城建开元森泊度假乐园、法国雅高铂尔曼酒店、法式动漫主题乐园相继在半岛小镇落地，鲜明的法式特色使其成为中法国际合作的标杆。

作为中法生态智慧示范，中法半岛小镇在利用可再生能源之外，正不断建立低碳交通体系，广泛推广绿色建筑应用。在招商布局中，项目团队并不把目光局限在常规意义上的名企，而是更加关注生态智慧类的项目。在29个重点关注的项目名单中，有三分之一是生态智慧类项目。

对照总体规划指标体系，中法半岛小镇结合新技术应用、高标准示范要求，引入中法环保生态领域龙头企业及先进产品，通过绿色基础设施建设，探索水治理、绿色交通、节能减排、循环利用等生态智慧方面开展全球示范（图3-28）。中法武汉生态示范城启动区能源站，是武汉市首座独立建设的大型区域分布式能源站，让生态与经济实现共赢互惠；武汉城建开元森泊度假乐园综合体采用法国HQE绿色建筑标准及中国绿色建筑三星级标准进行设计和建设，最大限度地实现人与自然和谐共生……这些项目都彰显出小镇对生态智慧理念的贯彻。

中法半岛小镇作为新型生态示范项目，始终坚持创新产业导入，聚焦国际交往、绿色低碳、生态修复等方面。小镇沿袭中法两国可持续发展示范项目的光荣使命，成为引领武汉高质量发展、高品质生活的"金字招牌"。

随着时间的流逝，中法半岛小镇乃至中法生态城将不断演化发展出人们与大自然互动交流的新方式，续写稳定繁荣的新篇章。

图3-28　生态滨湖涵养带现状
资料来源：武汉市土地整理储备中心

东湖鼓架片区

　　鼓架片区位于东湖风景区辖区东南部，包含鼓架村、滨湖村、建强村和部分国有用地，总面积10.82平方公里。片区自然资源丰富，形成了"山青湖绕、田塘相延，四分山水三分田"的优越自然本底。

　　2020年，东湖生态旅游风景区管理委员会与武汉市自然资源和规划局共同研究提出按照统征储备方式加快推进鼓架村改造，以引入大型文旅项目为契机，全面提升片区功能品质，积极推进"景中村"综合改造实施。在东湖八大传统景区的基础上，提出规划建设融合生态、文化、美学、休闲等复合功能的鼓架新景区。

规划概况

　　2020年，武汉市规划研究院充分对接企业策划与设计团队，先后开展了鼓架片区城市设计、GJ01单元实施性城市设计与控制性详细规划等系列规划工作，其中GJ01单元控规导则已获市政府批复。

　　鼓架景区规划定位为东湖东扩后的大东湖核心景区，联动武汉新城的生态人文绿色示范区。规划提出发挥风景区生态、游憩价值，通过生态固本、文化赋能、品味生活、活动导入，形成郊野游憩区、中央文化轴和开放式社区三大功能板块交融互联的一体化城景空间格局，塑造形成生态友好、文化创意、美学休闲等景城一体、居游融合的生态型城市重点功能区；并通过产业功能注入，激活景中村存量空间价值，促进区域功能品质提升，探索产村绿色发展的景中村更新实施路径（图3-29）。

实施进展

　　截至目前，各项征拆工作有序开展，区域山水相依的自然资源本底和人文记忆被充分尊重。2021年5月，鼓架村已完成一期供地工作，目前拟二期供地范围已基本完成拆迁，滨湖村、建强村后续实施工作正按照规划有序推进。

建设成效

　　2022年，片区内基础设施规划建设已全面启动，轨道19号线计划于2023年底建成。道路、给水排水、电力、电信、燃气、环卫、消防等基础设施规划建设全面推进。

图3-29 鼓架片区概念规划总平面图
资料来源：武汉市自然资源和规划局、武汉市规划研究院，《东湖鼓架片区总体城市设计》，2021年

东湖鼓架片区：
文化+生态，城市美学的创新实践

在2023年4月举行的"汉马"（武汉马拉松赛事）中，武汉东湖再次成为奔跑者心中"最美的一段路"。大东湖的自然生态、绝美风光和宜人环境，给这座城市平添了几分人文与诗意。"看山、挽月、揽风、听湖、疏雨、沐阳、观云"，这些诗一般的词语，已成为鼓架片区规划蓝图上的路名。

这些道路位于东湖之东的鼓架片区，这里山湖环绕、湖汊交错、树木成林；未来这里将成为自然风景优美、艺术气质浓厚、文化活动丰富、人与自然和谐共处的城市新名片。来到这里，人们将感受到贯穿城市美学的生活体验。

山湖之间、大东湖之心，文旅景区的全新样板

鼓架片区既拥有优越的地理位置，又具备独特的山水格局；同时地处东湖与严西湖之间的锚点区位，在武汉主城与新城的双引擎驱动之下，鼓架片区成为未来武汉的城市发展版图上具潜力的示范型文旅景区样板。在大东湖既有八大景区的范围拓展与功能延伸方面，鼓架片区也具有极好的发展基础，将成为大东湖新的景区亮点（图3-30）。

规划结合高质量发展的新要求，紧抓城市发展的新机遇，以"绿色转型、景区迭代、文化赋能"为重点，推动鼓架片区转型升级，将该区域建设成为大东湖的核心景区和武汉首个以文化和艺术赋能生态高地的全新文旅示范景区。

在远景规划和逐步实施的过程中，鼓架片区贯彻落实国家生态文明建设和高质量发展的要求，

图3-30 鼓架片区现状鸟瞰
资料来源：梁霄、王蒙 摄

积极探索、发挥风景区生态、文化和旅游价值，通过生态固本、文化赋能、品味生活、活动导入等策略，打造"全域一体化"的空间规划，将文化融入生态，以艺术激活乡村。同时，以目标为导向，在规划阶段同步招商，对接国内顶流文化IP，共同筹划片区规划、策划、招商和运营，营造高品质、高标准、高颜值的城市空间，共创具有独特城市美学和生活体验的城市新名片。

规划招商同步，联手顶流文化IP打造新的城市名片

为了凸显鼓架片区绿色的自然秉性，探索"文化+生态"范式的城市美学实践路径，规划针对区位特征、辐射人群以及规划定位，开展和实施了基于"目标导向"和"问题导向"的规划、策划、储备、招商、运营模式。

在项目规划前期，同步开展招商，精准对接目标企业，共同打造武汉生态文化集聚高地。鼓架片区在招商过程中力图寻求有共同价值理念与运营经验的企业合作，依据在地的山水格局、场所特征营造宜人场所氛围，将企业的美学探索与武汉的城市精神相融合，在鼓架片区创造代表未来武汉活力与城市精神的文化、生态场域；融合自然生态、场域特征，与企业共同筹建艺术中心、剧场、美术馆、图书馆等一系列地标性公共建筑和公共艺术空间，营造鼓架片区独一无二的、融入自然的审美意象，呈现武汉城市生活的多元想象与拓展实践；策划多元丰富和不间断的文化艺术活动，为城市当代生活构建新的审美追求，覆盖人们从日常到精神、个体到社群的多元需求，塑造未来代表武汉城市美学的"艺术之岛"。这是鼓架片区一次转型的机遇，也将成为武汉对城市美学和人文精神提升的创新探索。

产业导入重新布局，探索产村绿色发展的"景中村"更新实施路径

自然资源丰富的鼓架片区，因受多条铁路线阻隔，一直以来是中心城区内较封闭的交通"孤岛"，基本的生活配套以及区域的产业发展亟待改善和提升。

片区改造充分尊重自然、顺应自然和保护自然，践行"绿水青山就是金山银山"的理念，站在人与自然和谐共生的高度谋划发展。通过导入文化旅游产业，形成新的发展动力，改变孤立、落后的面貌和以农业为主的传统发展模式；通过基础设施建设和生态修复，实现城乡、人与自然和谐发展；通过重塑文旅产业发展空间和生态保护空间，促进区域功能品质提升，探索产村融合、绿色发展的"景中村"新路径。

2020年，东湖生态旅游风景区管委会与市规划局共同研究，提出按照统征储备方式加快推进鼓架村改造。通过统筹实施片区土地储备、项目策划、产业导入、城市设计、交通规划、市政建设、设施配套等，以统一规划、统一设计、统一储备、统一招商、统一建设和统一运营推进片区全生命周期管理、全要素策划，实现合理布局片区空间和产业，提升城市功能品质。同时，充分考虑文旅产业与招商企业的需求，对区域内产业业态、建筑布局、交通条件等进行全面系统提升。

变"孤岛"为"绿心"，探索空间规划与实施建设的多元创新

为推进规划到实施的落地，鼓架片区提出了一套道路、供水、供电、供气、排水、通信等基础设施建设的程序，组织梳理形成了鼓架片区基础设施项目库。目前，鼓架片区的基础设施建设已全面启动（图3-31～图3-33）。

充分尊重场地山水相依的自然资源和人文记忆，生态修复、水环境治理、湿地植被、滨湖岸线树木保护与生长并行。为让"目的地"的到达更容易，在武汉市委市政府全面统筹下，市规划局协调武汉地铁集团，增设了轨道交通19号线鼓架山站，拟于2023年底建成通车；500千伏高压线改迁方案正在推进，被铁路与高压线阻隔的"孤岛"将重新回到城市的中心；土地整理亦取得了阶段性进展。

在推进"景中村"综合改造实施及转型升级的过程中，鼓架片区积极探索着空间规划与实施建设的多元创新方式，如"三控、三低、三生"融合的国土空间规划创新、数字化征地拆迁模式创新、基础设施建设创新、招商供地方式创新，不断探索高质量发展的"鼓架模式"正在让这片"孤岛"成为未来"绿心"。

图3-31 鼓架片区整体规划结构图

资料来源：武汉市自然资源和规划局、武汉市规划研究院（武汉市交通发展战略研究院），《东湖鼓架片区总体城市设计》，2021年

图3-32　鼓架片区九峰渠畔人与自然和谐共处

资料来源：刘菁　摄

图3-33　在建的轨道交通19号线鼓架山站

资料来源：刘菁　摄

朱家河片区

武汉长江新区位于武汉东北部，是省委、省政府立足实际、谋划长远的重大决策部署。朱家河片区位于长江新区谌家矶片区，东北至府河，西至京广铁路，东南至长江，面积约10.11平方公里，是衔接主城、联动长江新区的咽喉要地。朱家河片区区位条件优越，生态环境优美，是武汉长江新区近期重点开发的片区。

规划概况

自2022年6月开始，武汉市规划研究院、万华集团和凯达环球建筑设计咨询（北京）有限公司（Aedas）组成联合设计团队，先后完成了概念城市设计、核心区实施性城市设计及控制性详细规划等一系列规划编制工作。其中，核心区等优先建设区域控制性详细规划已获市规委会审查通过。

规划充分挖掘长江新区独特的水资源优势，依托朱家河打造蓝绿交融的三级水网体系，引入中央滨水运动公园、艺展中心、无界图书馆、高线运动公园、江滩湿地公园等标杆性公共设施，对"江城"滨水生活进行全新演绎，力争将该片区打造成全国美好人居的标杆区域、现代城市建设模式创新示范区。规划遵循多元水体、活力湾区、生态绿网、城市共享四大核心理念（图3-34）。

多元水体

以强化生态保育、安全防涝、亲水体验功能为目的，依托朱家河水系，设置尺度多元、形象丰富、功能复合的三级水系，串联组团公共活动，打造活力生态的水城生境。

一级水系依托朱家河现状水道，控制宽度为60～120米，作为片区主要汇水空间，承担生态保育与排涝职能，同时是片区主要景观展示面及公共开敞空间主要载体。两岸展现平远开阔、错落有致的滨水空间层次。

二级水系位于瀺水河东路西侧，控制宽度为30～60米，配合朱家河承载片区排涝功能，塑造区域水景观。两岸融入多元商业、文化等亲水活动，构建双侧活力界面，形成两岸对望、风貌鲜明的魅力水谷形象。

三级水系渗透至地块内部，控制宽度为10～20米，以曲折灵动的内部水系为主，承载组团内部休闲步道、生活景观功能，突出具有生活气的水岸形象。

活力湾区

以"一主两辅多点"的城市服务体系打造全时精彩、全龄友好的活力湾区。均衡布局文化商业、体育运动、公共服务配套等公共职能。

一主即中央水湾，是城市级活力核心。依托轨道站点和水景观形成"中央水景+活力组团"的热点区域，围湖形成活力商业、文化艺术、滨水运动、休闲娱乐四大活力功能板块。

两辅多点为街道级和社区级活力中心，依托高线运动公园、邻里中心形成复合高效的活力服务中心，提供社区公共服务、休闲、运动、商业服务等功能。

生态绿网

以公园体系、慢行绿道体系、水上洄游体系，形成水绿交织的生态绿网，彰显生态环境品质，烘托惬意宜人的滨水生活氛围。

一是构建"综合公园一口袋公园一线性绿地"三级公园体系。规划6处综合公园、10处口袋公园和若干线性绿地，沿朱家河水系描绘绿色边界，进一步激发滨水活力。

二是打造主题式慢行绿道体系，串接生态休闲健康商业功能。以商业水镇、生活慢享、绿色健康为主题，分别形成环线。

三是塑造水上洄游体系，强化水陆联动的特色体验。水上洄游系统兼顾游览与通行联系功能，形成北部舒适生活洄游环、中部活力商业洄游环、南部文艺生活洄游环。通过11处码头和2个水陆联动换乘站点，强化谌家矶滨水区水陆联动的特色游赏体验。

城市共享

一是共享滨水空间，为人提供极致亲水体验。通过水位控制形成水城融合的空间，维持水位涨落范围不超过0.4米，水面场地高差不超过0.8米；精细管控建筑退距，在合理前提下拉近人与水面的距离，其中低层、多层建筑退水体5米，高层建筑退水体10米，建筑退道路10米，进一步增加亲水机会。

二是共享门户功能，为人提供便捷公共体验。沿新区大道、江北快速路设置2处门户节点、布局城市公共建筑，展示门户公共形象。

三是共享城市形象，为人打造精美城市界面。强调滨江城市界面塑造，以优美的滨江天际线展示现代时尚、磅礴大气的长江主轴形象；片区总体形成开朗舒展、高低错落的风貌意象。

实施进展

2022年12月27日，片区内P（2022）144号地块已由成都万华投资集团有限公司（简称万华集团）以33.2亿元竞得。截至2023年，区域内已储备面积3423亩（约合228.2公顷）；正在实施征收的已批复集体土地约680亩（约合45.3公顷），正在实施征收的存量国有建设用地417亩（约合27.8公顷），正在组织新增建设用地报批的集体土地约1000亩（约合66.7公顷）；建筑物拆迁已完成90%，剩余约10万平方米待拆除老旧建筑，拟于2023年内完成区域内整体征收工作。已完成项目一期供地415亩（约合27.7公顷）。

建设成效

通过总体规划、全面征收和项目开工，截至2023年已经完成新区大道新建路段路面工程，正在加快片区内余山街、兴盛路、黄埔北路3条配套道路和1条施工便道的建设和改造，片区骨架路网初步形成。

图3-34 朱家河片区城市设计鸟瞰图
资料来源：成都万华投资集团、凯达环球建筑设计咨询（北京）有限公司，《武汉长江新区湛家矶片区朱家河项目城市设计》，2022年

朱家河片区：
与水为邻，活力湾区的生态示范

俯瞰整个谌家矶片区，朱家河水系仿佛徜徉其中的珠链。"楚水轻若空，遥将碧海通"，依托这片多元水系所构建的公园、绿地、人居、产业、路网乃至整个生活方式，它面向的不只是谌家矶，而是依托新区大道发展轴线，进一步延展辐射武汉新老城区。

2017年，长江新城成立，朱家河片区规划进入新的历史阶段。2022年省级长江新区成立，让朱家河及其所在的谌家矶片区的战略定位进一步提升。朱家河成为城市内河景观，具有形态多元、尺度丰富、开合有致的城水交融基底。它是衔接主城、联动长江新区的咽喉要地，也将是涵盖多元城市综合服务，武汉城市高质量发展中最为美好的未来人居组团（图3-35）。

因水而兴，由"行洪防洪"走向"江城威尼斯"

2010年以前，对朱家河的治理多以河道整治和生态保育为主。2022年2月省级长江新区成立后，谌家矶片区承担的城市功能更加复合多元。

2022年6月，市规划局与新区管委会成立工作组和秘书处，在秘书处的统一指导下进行统一规划和城市设计，邀请因成都麓湖项目斩获多项国际大奖的企业万华集团和凯达环球建筑设计咨询（北京）有限公司（Aedas）共同完成城市设计方案和后续的规划方案，万华集团发挥对于水生态保护和利用的优势，结合谌家矶和朱家河地缘特点与市规划院共同开展世界级人文水镇规划（图3-36），让共同设计的智慧火花在水中绽放。同时，双方共同协作解决了统一规划过程中所面临的现状、交通、水系和指标问题。

图3-35　朱家河片区城市设计鸟瞰图
资料来源：成都万华投资集团有限公司、凯达环球建筑设计咨询(北京)有限公司，《武汉长江新区谌家矶片区朱家河项目城市设计》，2022年

三环路

和谐大道

新时代大道

曼水河东路

兴盛路

谌家矶大道

江岸路

江北快速路

N

0   200 m
100 m   500 m

1 商业核心水镇
2 盒子商业
3 焰火食集
4 时尚零售街区
5 麓坊综合体街区
6 潮流街区
7 水湾秀场
8 地铁站
9 浅滩广场
10 销售会所
11 无界图书馆
12 艺展中心
13 高端办公
14 麓客岛
15 会所
16 高线公园
17 中央滨水运动公园
18 门户公园
19 江滩湿地公园
20 社区商业

图3-36　朱家河片区城市设计总平面图

资料来源：成都万华投资集团、凯达环球建筑设计咨询(北京)有限公司，《武汉长江新区谌家矶片区朱家河项目城市设计》，2022年

统一规划，将丰富的城市功能业态融入"水中"

对万华集团而言，在这个历史时机遇见武汉朱家河，就是在自己所擅长的水生态保护领域找到了一个高度契合的地理点。于武汉而言，建设生态园林城市本身就是当下的需求，在朱家河片区选择最优的合作方落子，亦为上策。

但麓湖项目积累了十多年的经验不能在武汉全盘复制，成都无论地形地貌，还是人文环境，与武汉都有不同。如何因地制宜地做好规划和设计，是双方都要面临的挑战。规划管理方在保证公众利益的前提下给予设计方最大的发挥空间，设计方也必须布局多元公共服务设施，融合多元社区，提升片区城市综合服务能力。

麓湖项目用十多年的时间探路，建设脚步和社区活力的营造分为两条曲线，但是在武汉，一开始就是统筹的整体考虑。以起步区的建设为例，麓湖的麓客岛开发是在项目启动五年之后，而武汉朱家河项目则在一开始就把公园和湾区呈现出来（图3-37），将麓湖两个阶段的建设经验整合在一起，承担该区域的发声，通过发声呈现新的生活方式和人群活力。

统一设计，建立三级水系廊道

朱家河片区水系资源丰富，但滨水环境单一，亲水空间不足。规划通过密织水网，汇聚成湾，沿着水岸的周边把公园、步道、产业体系串联起来，形成一个全新的场所。

分级设置尺度多元、形象丰富、功能复合的三级水系，打造活力生态的水环境（图3-38）。

依托朱家河水系、长江沿岸、兴盛路打造三大板块，以中央水湾汇聚多元岸线活力，打造现象级的滨水休闲体验目的地；沿特色轴线展开丰富的功能业态，全面带动居住板块及周边城市环境的高质量发展。

图3-37 活力湾心
资料来源：成都万华投资集团有限公司、凯达环球建筑设计咨询(北京)有限公司，《武汉长江新区谌家矶片区朱家河项目城市设计》，2022年

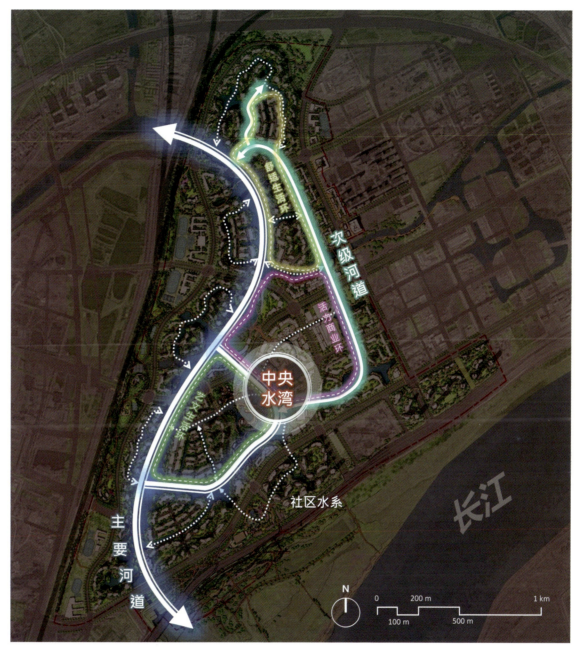

图3-38　水系格局

资料来源：成都万华投资集团有限公司、凯达环球建筑设计咨询(北京)有限公司，《武汉长江新区谌家矶片区朱家河项目城市设计》，2022年

　　成都麓湖项目与中国科学院的合作实验，成功地将陆生的生态系统转换为水生的生态系统。这一水生态的保护经验也落实在了朱家河区域。在旱季（冬季枯水期）水位下降时利用长江水、雨水补水，通过生态构建达到自我平衡，从而避免因无法保证换水带来的水质标准降低风险。未来生活在朱家河区域的新人群，也将能享用到部分水域地表二类水的优质水源。

流动的盛宴：径向轨道站点、水道进行功能策划

朱家河片区的项目策划具备其唯一性，它充分挖掘城市道路、水系及轨道交通三个标高体系，打造出一场流动的盛宴。它依托朱家河水系的生态岛居水绿交融板块、长江发展带的拥江揽湖门户形象板块和兴盛路的缤纷创意多元产城板块形成独具特色的功能策划。

依托轨道交通资源形成功能复合、融于自然、环湾而置的活力之心，打造全龄友好、全时精彩的新区之眼（图3-39）；建立韧性安全、生态宜居、便捷可达的生态景观格局，以多维度、多尺度的特色体验路径塑造特有的惬意生活圈；优化区域发展架构，创造提升场地，带动片区，打造更高格局的城市发展全新引擎。

规划的核心是人，朱家河片区亦不例外。在进行麓湖项目时，万华集团搭建了一个生态模型，以人为土壤，再去构建一层层的技术体系，吸引的也是具备同一气质的人群，甚至他们是否是这里的住客都不太重要。朱家河想要撒下一些种子，激发在地居民自我、自发的动力。未来的社区运营，更多时候希望通过社群自我创造的方式实现。

保证公共利益，统一设计促成更大社会收益

麓湖项目通过3~4年的时间搭建了一种新型的邻里关系。在成立麓客岛的同时，建立了社群基金会，推动社区自治，在建设体系和传统的物业体系之外，还存在一个公共事业体系。朱家河也一样，往返于此的不只是买房的人群，而是对这种生活方式有共同追求的人群的集合。

在以往的规划中，邻里服务用地往往并不能真正实现土地供应，但在统一规划和统一设计的理念引导下，邻里服务用地在此项目中实现落地。此外，企业参与共同设计，让建筑设计方案通过反推，进一步优化用地方案。统一规划的过程中，市规划局在让合作方施展创意的同时，也严格保证了城市的公共利益，譬如保证刚性的水面率、明确刚性的水体保护线等。

图3-39　TOD活力之心
资料来源：成都万华投资集团有限公司、凯达环球建筑设计咨询(北京)有限公司，
《武汉长江新区谌家矶片区朱家河项目城市设计》，2022年

再定义复合用地，实现公园连片

通过两级主要景观廊道（长江生态景观带、朱家河景观带）和次级景观廊道（拥江揽湖景观带、高线公园景观带、四季港景观带）涵盖了湖泊、湿地、草地、森林，构建谌家矶片区生态系统。健康绿道环线串联中央滨水公园、新麓客岛、门户公园、入口艺文公园、江滩湿地公园等多个区域性公园节点。

依托蓝绿交融的飘带公园创造连续且富有活力的城市综合服务带，消解铁路噪声，提升空间品质；提升公园服务能效，丰富游园体验，在绿地中设置"商业漂浮指标"，结合主题植入多元业态，构筑多层级、高品质的公园城市体系。

城市共享，辐射周边，形成"1主+4辅+2特色"的公共服务配套体系

规划中的公共服务设施布局提升了区域城市服务能级，在居住组团周围规划布局了社区商业中心或商业街区，服务周边居住组团（图3-40）。它位于长江界面的核心天际线将成为展示新区形象的门户界面。规划布局了南侧的主城区方向入口门户、北侧的三环方向入口门户，以及新区大道发展主轴，包括东西侧两个入口门户。这些门户节点将朱家河水系与江滩公园的景观联系起来，形成视觉核心。在沿兴盛路的三环绿地公园布局邻里中心、学校与创意商业街区，形成城市公共服务门户。

这些门户都决定了朱家河并非一个短期的项目，它需要更为宽广的尺度，结合已有的水系资源和未来的生态公园骨架、交通等去重新构建规划底层的逻辑。这样一个对城市中长期发展有助力的项目，也需要在未来的统一建设和运营中共同投入更长的时限、精力和恒心。

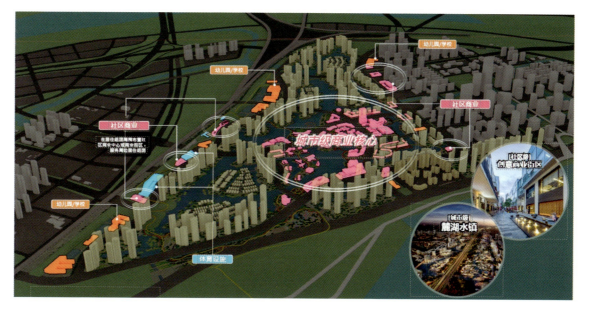

图3-40　公共服务设施布局

资料来源：成都万华投资集团有限公司、凯达环球建筑设计咨询(北京)有限公司，
《武汉长江新区谌家矶片区朱家河项目城市设计》，2022年

04

第四章

蝶变与成效

TRANSFORMATION
AND
EFFECT

武汉重点功能区十年探索：
一种新的城市叙事

坚持"以人民为中心""为人民创造更加美好的幸福生活"的核心理念。过去十年，武汉市自然资源和规划局贯彻坚持科学规划引领，以高水平规划引领武汉城市高质量发展。在城市由快速发展向高质量发展的内涵式建构过程中，以"重点功能区"为抓手，"承担国家和区域发展战略，谋划武汉建设国家中心城市代表职能"，主动开拓引导城市建设发展。

2013~2023年的十年间，武汉着力推进城市能级和品质提升，形成了实施性规划的"武汉模式"，创造性地打造了"两江四岸"等重点功能区，创新性地建成了"汉口滨江国际商务区""武昌滨江商务区"等示范引领重点功能区，精细化地探索了"三阳设计之都片""昙华林历史文化街区""武昌湾""青山'红房子'"等历史文化亮点区片，多元化地实践了"中法半岛小镇""东湖鼓架片区"等生态功能区绿色发展……从实施规划的创新探索到落地建设的成效显现，各个重点功能区逐渐凸显出空间特性与区域功能的互动融合、裂变发展。

武汉重点功能区的规划实施，在十年的探索、变革、创新、实践中，逐渐构筑起武汉以规划引领展开的关于城市的叙事、观念建构和行动逻辑。历史文脉的传承演绎、文化创新的现代探索、现代商业的焕新激活、生态发展的保护拓新……14个重点功能区以自己的特色发展之路，为城市面貌的改变、城市功能的提升、城市文化的书写、城市美学的探索展开了丰富的图景和未来。

十年行动，从规划设计到实施建设的多样探索

武汉重点功能区的十年探索与实践中，规划设计理念在不断演进，政策制度的创新也在不断推进。从规划实施到建设运营的行动探索，各个重点功能区根据自身特色采取了不同的行动方案，也为城市发展注入了新的活力。

从规划实施的层面看，武汉重点功能区从最初的产业升级、城市更新转型，到探索现代服务业、文化创意产业、绿色生态型等多元化规划，展现出规划设计对城市高质量发展的内涵建设与深度、广度的深入探索——在三阳设计之都片的规划中，引入国际化专业人才的培养和集聚，形成以产业为主导、以设计带动产业的新型发展方式，实现了产业发展和城市更新的双重转型；在朱家河片的规划中，突出生态保育和多元水系的功能策划，塑造具有特色的水景观和水文化生态系统；在武昌湾的规划中，突出地理特色的江湾格局和文化特色的挖掘、融合，打造世界级长江文化水岸、城市目的地和形象客厅。规划理念的创新与规划实施的行动，为武汉的城市形象提升、文化性格塑造、城市活力凸显带来了新的生命力；也为武汉的经济社会发展、产业升级转型、城市更新行动打开了新的思路和可行方案。

从政策制度创新的角度看，武汉各个重点功能区积极探索和推广经验，极大地推动了城市治理体系和治理能力的提升——在汉口滨江国际商务区的规划中，以全生命周期探索现代城市治理的方式，创新性提出"统一规划、统一设计、统一储备、统一建设、统一招商、统一运营"的"六统一"工作模式以及"市区联动、国际+国内"的工作机制，全程采用数字理念和方法，实现了商务区整

体面貌的焕新以及"总部经济"的成功落地，推动了智慧城市的创新应用和精细管理；在武昌湾的开发中，"政府引导、市场化运作、产业集聚、资源共享"的方式，实现了政府与企业、产业与生态、历史与未来的良性互动，推动了城市的全面升级；在青山滨江的开发中，采取了"土地财政制、土地收益共享制、土地征收和补偿制、城市基础设施配套制"等多项政策制度创新，启动了产业转型、城市更新的全面探索。政策制度的创新与工作机制、行动模式的不断摸索，为形成合力、吸引投资、聚集资源、共同缔造构建了想象和行动的共同体，促进了资源的合理配置和各项工作的推进，提高了城市的运行效率和生产力，为城市提升竞争力和吸引力开辟了新的路径。

从行动、创新与成效来看，武汉重点功能区注重落地实施，不断提高项目的建设和管理水平，切实改善了城市面貌、提升了城市居民的生活品质——在大归元片的建设中，以文化引导城市更新和文化复兴，保护、修缮和活化利用历史遗存，提速基础设施建设、公共空间提质，以文化产业与商业活力的注入让区域内的文化、休闲、商业、住宅等多个元素得到充分融合，为汉阳的复兴和崛起注入了发展动能，让武汉展现出既东方又全球的城市底蕴；在武汉中央商务区的建设中，由政府主导统筹、企业参与共建，在有着光荣历史的军用机场上，建起一座功能完备、交通便利的中央商务区，实现金融总部、商业零售等现代服务业的规模聚集，为城市整体环境提升、民生工程建设、功能配套完善夯实了基底，让武汉展现出"既传统又现代"的商业文化底色。十年行动的成效与创新，为城市从空间体系构建到功能融合提升提供了可借鉴的经验，为未来城市的高质量发展和智慧化治理开拓了新的范式。

十年蝶变，从城市空间重构到城市功能提升

武汉重点功能区规划实施的十年历程，逐渐呈现出不一样的城市图景。分布于武汉三镇的重点功能区开始发挥其优势与效能，为城市空间格局的重构，区域功能的转型、融合与提升，景观环境、城市形象的改变等带来了不一样的焕新和发展动能。

从城市空间的梳理与重构层面，各个重点功能区根据其场地特征、空间肌理、历史传承与现状梳理对区域空间进行了盘整与激活，按照突出重点、差异化发展的要求，突出各个重点功能区对城市功能和空间景观塑造的作用和意义——青山滨江以"红房子"工业遗产保护利用为特色，重新梳理历史遗存、保留城市记忆、再现空间肌理脉络，保留了武钢人最珍贵的创业和生活记忆；由原武钢三小教学楼改造而成的红坊创意中心成为城市文化体验的新地标与网红打卡地，既为周边居民提供了一个放松、游憩的绝佳场所，也让红坊八街坊成为文艺、时尚的代名词。中法半岛小镇围绕中法生态智慧示范及国际合作标杆的目标定位，规划建成"半岛地形+村庄聚落+林田湖塘"的空间格局，呈现"水在田边，林在路旁，树在房前"的滨水传统聚落肌理，让"中法合作、产业创新、生态宜居、面向未来"的可持续发展示范引领国际合作成为中法共同应对全球气候变化、环境保护等挑战的见证，在武汉这片土地上写下中法友谊的注脚。

从城市功能转型、城市活力焕新层面，不同的重点功能区充分发挥其区域优势，以独有的地理、自然特色和自然生态、历史文化等不可再生资源优势，展现区域潜力，吸引特色招商，整合功能链接，发挥各个重点功能区对城市功能转型和城市空间、城市品质双提升的作用和意义——作为

武汉市重点功能区实施规划工作的试点项目，汉口滨江国际商务区打造了一座引领城市产业转型、升级的国际金融总部商务区，而且为武汉重点功能区的创新探索与实践展现了全流程、全周期、全方位的模式探索与机制创新。汉正街中央服务区以规划实施引领汉正街中央服务区实现业态转型，推进区域从过去小商品交易集散中心，向现代商务、现代服务业，甚至国际贸易业态提档升级；特别通过高质量招商，引入港沪地区头部产业运营企业的落位，对汉正街经济能级提升、区域形象优化发挥了至关重要的作用。武昌滨江商务区的规划和建设，释放了武昌一环内宝贵的土地资源，实现了从工业用地到现代服务业的转型；武昌滨江商务区的规划实施，以精准招商实现总部型企业落位，架构起武昌区"三区融合、两翼齐飞"产业战略目标，带领武昌实现跨越式发展。

从区域景观提升、公共空间塑造、城市形象改变的角度看，各个重点功能区都呈现出独有的城市风貌和文化性格，为武汉塑造既当代又古典、既国际又本色、既文化又生态的多元城市形象丰富了层次和节奏——东湖鼓架片区积极探索区域的生态、文化、旅游价值，通过生态固本、文化赋能、品味生活、活动导入，以"全域一体化"的空间规划实现文化融入生态，艺术激活景区；通过导入文旅产业形成新的发展动力，改变"景中村"孤立、落后的面貌，以基础设施建设和生态修复实现城乡、人与自然的和谐发展与变奏。四新会展商务区以展览、会议、酒店等核心功能构建起区域全新的发展面貌，通过市政基础设施建设、公园绿地建设、水系连通、道路建设和轨道交通建设提升了区域的基底，将带动武汉建设多功能复合型国际博览城的规划愿景成功实现。

十年融合，从城市居民互动到城市生活重塑

武汉重点功能区规划实施的十年历程，也是与城市居民深度互动、共同成长的过程，是全社会共同参与、共同缔造的见证。重点功能区的规划、实施与建设，搭建起城市共建的平台，充分调动起社会各界力量，为致力于城市发展、与城市共生长的人们联系起桥梁和纽带，集中力量参与建设。这是"人民城市为人民"理念的切实探索，也是人与城市共生共荣的交融与见证。

三阳设计之都的开街，吸引老居民回来打卡、推介，他们成为城市的代言人、推介大使，向各地来的投资者、创业者、研究人员、游客介绍城市的历史、记忆以及城市的生活方式，"武汉人"的性格与形象由此具体且生动地展现出来；归元片修缮后的圣母堂艺术中心迎来了中法文化之春《X射线下毕加索、库尔贝与达芬奇等世界名画》艺术展开展，将观展的中外观众引入了具有城市印记的公共空间，向观众呈现了城市历史场域里"当代"且"国际"的城市文化生活；改造后开放的昙华林人文小镇成为全国各地文艺青年的旅游目的地，打卡、参观、摄影、拍电影、看演出，他们所感受的是武汉独有的城市山地，是"有诗意、又时尚"的街区氛围，是"有烟火气、又热情、且艺术"的现代城市生活；修缮后的青山红坊创意中心成为网红打卡地、也是周边居民最爱的休闲场所，一系列文化艺术活动的引入，丰富了城市的公共生活，为城市的公共表达展现出新的精神风貌。

在武汉重点功能区的十年探索实践中，政府、规划部门、各界社会力量、城市居民，国内外专业团队积极参与、发挥所长、献智贡能，为城市特色发展、国际传播、多样表达书写新的篇章。未来，仍需不断探索、总结经验、补足短板，为未来城市可持续发展、"提高城市规划、建设、治理水平，打造宜居、韧性、智慧城市"继续向前。

后记

《武汉重点功能区创新实践》这本书回顾并记录了武汉市在2013～2023年这十年内，探索以重点功能区为抓手，实现城市功能与品质双提升目标的规划与实施过程，是对"规划引领城市高质量发展"的一次回溯与思考。

重新回到城市现场——武汉重点功能区规划实施的十年之际，通过对十年间不同阶段、不同类型重点功能区在规划理念、实施方式、组织模式、工作方法的全面对比，优选出其中推进快、见效快、质量高的14个重点功能区。邀请这些重点功能区的亲历者，包括规划团队、建设团队、管理团队，共同观察重点功能区城市空间、城市面貌的变化，回顾规划实施的过程、现状与问题，讲述工作中的困惑、感受与成就，从多种维度、不同角度去感受武汉这座城市的气质和探索精神。这是一次观察之旅、一次探索之旅，也是一次和城市的深入对话。

由此，武汉重点功能区规划实施以来的变化图景渐渐清晰，武汉重点功能区规划实施的案例、类型与脉络也更加丰富，本书逐步梳理出武汉重点功能区差异化发展的治理机制与协调、合作的治理体系，从宏观视野的图景上扫描重点功能区规划实施的全貌，又从微观视角的细节处描述不同的重点功能区规划实施的故事、过程及其中间的某个时刻、某幅画面、某个人物、某处创新与突破……

这本书，让武汉重点功能区的规划实施从图纸到现场、从现场所见到所感所思，更丰富，也更接近规划所要触及的根本性问题——即规划为城市带来了哪些变化。在本书的编写过程中，我们挖掘到、感受到很多以前未曾真切感受的画面，也得以有机会与不同的人交流，了解城市真实的变化。从以往的规划主体视角到倾听多方的意见反馈，这也是武汉重点功能区规划实施的一次系统的回顾与审慎的思考，让我们从不同的视角重新回到原点，倾听、对话、沟通，再次出发。

《武汉重点功能区创新实践》是丛书的第三本（第一本《武汉重点功能区规划探索》出版于2014年，第二本《武汉重点功能区规划实践》出版于2017年），从规划的创新探索到落地实施的成效初显，各个重点功能区逐渐凸显出其不同的特点，尤其在空间特性与区域功能的互动融合、裂变发展中呈现出的不同的样态、不同的反映和行动。

本书是对重点功能区规划的重新思考：新的时代背景下，武汉在"承担国家和区域发展战略""谋划武汉建设国家中心城市代表职能"之路上，如何主动开拓、引导城市的建设与发展。新的时代命题对城市的高质量发展提出了新要求，也为我们提出了不断去探索、实践与创新的命题。